Der Alltag des Hüttenmanns in Zeiten der Industrialisierung. Vergessene Berufe am Hochofen

Helga Martens

GRIN

Bibliografische Information der Deutschen Nationalbibliothek:

Die Deutsche Nationalbibliothek verzeichnet diese Publikation in der Deutschen Nationalbibliografie; detaillierte bibliografische Daten sind im Internet über http://dnb.d-nb.de abrufbar.

ISBN: 9783346675651
Dieses Buch ist auch als E-Book erhältlich.

Coverbild: Helga Martens

Nymphenburger Straße 86
80636 München

Druck und Bindung: Books on Demand GmbH, Norderstedt Germany
Gedruckt auf säurefreiem Papier aus verantwortungsvollen Quellen

Das Buch bei GRIN: https://www.grin.com/document/1248594

Helga Martens

Was ein Hüttenmann konnte

Spezialisierung erfordert Arbeitsteilung – vergessene Berufe am Hochofen

1 Inhaltsverzeichnis

2 Einleitung

Der Bau des Hochofenwerks Lübeck an der unteren Trave erfolgt nach der Gründung des Werkes 1905. Mit der Ansiedlung wurde die Industrialisierung in Lübeck stark beeinflusst und vorangetrieben. Aus der alten Handelsstadt, ehemals *Königin der Hanse*, entwickelte sich eine Stadt mit vielfältigen Industrie-ansiedlungen.
Die Stadt profitierte davon durch ein hohes Gewerbesteueraufkommen, viele tausende Menschen verdienten in der aufstrebenden Wirtschaft ihren Lebensunterhalt. Allerdings waren die Arbeitsbedingungen überall katastrophal, gesundheitliche Beeinträchtigungen und langfristige Schäden waren für die dort Beschäftigten die Folge. Das änderte sich erst im Lauf der folgenden Jahrzehnte, insbesondere nach dem 2. Weltkrieg. Dennoch waren die Arbeiter stolz auf ihre Arbeit. Dieser Stolz und das damit verbundene Selbstbewusstsein zeigte sich in den vielen Bezeichnungen, mit denen die Arbeiten am Hochofen benannt wurden, weltweit eine der ältesten handwerklichen und industriellen Produktionen. Auch im Bereich der Kokerei gab es einige wenige Bezeichnungen. In allen anderen Werksbereichen war man einfach ein *Arbeiter*. Die überall gegenwärtigen Gefahren in den Arbeiten forderte den Zusammenhalt und Rücksichtnahme untereinander. Man musste sich aufeinander verlassen können. Neben der kräfteraubenden Arbeit erschwerte der ständige Schichtdienst mit anfänglichen 12 Stunden über 6 Tage die Woche das Zusammenleben. Der Betrieb des Hochofens bestimmte den Rhythmus in der Region und damit auch das gesamte Leben der Arbeiter und deren Familien. Alle im Bereich des Hochofens Beschäftigten nannten sich traditionell *Hüttenleute*, die über ein umfangreiches Wissen verfügten, auch wenn die Beschreibung der einzelnen Arbeitsbereiche auf allen Ebenen das

nicht vermuten ließ. Alle Arbeiten wurden mit Bedacht und wohl überlegt erledigt, zum eigenen und zum Schutz aller anderen Kollegen. In einem Interview zum Buch *Leben und Arbeit in Herrenwyk* spielgelt sich dieses in dem Bericht der Tochter eines Erzladers wieder, der ihr von seiner Arbeit berichtete: *„Vater war klein und nicht besonders kräftig, aber er hatte einen Beinamen, er hieß ‚Johann, de Zähe`. Er gab nicht auf: Man muß nicht bloß mit hier (faßte sich an den Arm) schaufeln, man muß auch mit hier (greift sich an den Kopf) schaufeln."* Zitat aus dem Buch *Lübecker Industriekultur -Leben und Arbeit in Herrenwyk, 1985, Seite 167.*
In den Anfängen beschafften sich die Menschen ihre Arbeitskleidung selbst, wie alte Anzüge und Mützen. Nasse Lappen um Kopf und Füße verschafften kurzfristige Linderung vor der Hitze. Schwere Schürzen aus ganzen millimeterstarken Rinderledern schützten einerseits vor Funkenflug, beeinträchtigten andererseits massiv die Beweglichkeit und waren kräftezehrend. Handstulpen aus groben dicken Stoffen schützen die Hände, Holzpantinen die Füße. Kopfhelme, Drahtbrillen und Gesichtsschirme aus Metallgewebe wurden nach und nach eingeführt und verhinderten im geringen Umfang Unfälle. Von Beginn an standen ein Betriebsarzt und Krankenschwestern für die Erstversorgung bei Unfällen zur Verfügung. Sicherheitskleidung wurde nur langsam entwickelt. Paradoxerweise wurden Arbeitsanzüge mit Asbestanteilen als Sicherheitskleidung aus Unkenntnis heraus jahrelang getragen. Der Einsatz von Arbeitsschutzmaßnahmen und die Belange des Gesundheitsschutzes setzten sich nur langsam durch.

Das fachliche Wissen, der Ablauf aller Arbeiten, die intensive Zusammenarbeit und die gegenseitigen Rücksichtnamen und Hilfen setzte ein hohes Maß an

Solidarität voraus. Diese Solidarität setzte sich in allen Bereichen der Lebenswelt der Arbeiter und deren Familien bis in die Freizeit nach innen und außen fort. Gemeinsame Freizeitgestaltung schweißte einfach zusammen, gerade bei der knapp bemessenen Zeit ohne Arbeit. Da die Arbeiter mit ihren Familien die ursprüngliche Heimat verlassen hatten, um hier ihren Lebensunterhalt zu verdienen, wurden Teile ihrer Kultur mitgebracht und weitergelebt. So wundert es nicht, dass es neben den zahlreichen Sportvereinen in Kücknitz Karnevalsvereine und sogar ein Verein für Kleintierzucht gab, der heute noch besteht.

Eine wechselvolle Geschichte mit Höhen und Tiefen des Werkes über Jahrzehnte zeichnete eine ganze Region, prägte die Menschen. 1981 wurde Konkurs angemeldet, alle Beschäftigten verloren ihre Arbeit mit allen sozialen und finanziellen Konsequenzen, ein Trauma einer ganzen Region. Nach der Schließung des Werkes wurde versucht, gerade auch wegen des folgenden Abrisses des Werkes, die Erinnerung an dieses Werk und an die dort arbeiteten Menschen aufrechtzuhalten. Daher ist 1985 das Buch *Leben und Arbeit in Herrenwyk* von einer wissenschaftlichen Autorengruppe erarbeitet und von *Dr. Schadendorf* herausgegeben worden (siehe hierzu Literaturverzeichnis Nr. 1). Er war Leiter des Lübecker Museum für Kunst und Kulturgeschichte, das Buch war die Grundlage für die Aufarbeitung der Geschichte. Das Buch ist schon seit vielen Jahren vergriffen und wurde aus Kostengründen nicht noch einmal aufgelegt. Zum Gesamtkontext *Arbeit der Hüttenleute* ist bis zum heutigen Zeitpunkt kaum weitere Literatur bekannt. Unter der Leitung von Dr. Schadendorff wurde eine viel beachtete mehrmonatige Ausstellung im ehemaligen werkseigenen Kaufhaus in der Werkssiedlung gezeigt. Um die

Arbeiten zu unterstützen, die Ausstellung langfristig zu sichern mit dem Ziel ein Museum vor Ort entstehen zu lassen, gründete sich 1986 der Förderverein *Verein für Lübecker Industrie- und Arbeiterkultur e.V.* Das daraus entstandene städtische *Industriemuseum Geschichtswerkstatt Herrenwyk* war immer wieder von Schließungen bedroht und besteht durch die vehementen Aktivitäten zum Glück heute noch und ist immer wieder Anlaufstelle für Interessierte an Geschichte und Technik an einem authentischen Ort.

Zeitzeugen gibt es kaum noch, die von der Arbeit im Hochofenwerk und dem Leben in der Region berichten können. Allenfalls sind es deren Kinder und Enkelkinder, die dort aufgewachsen sind und nur von den Erzählungen ihrer Eltern und Großeltern berichten können. Will man in die Geschichte eintauchen, kann man nur noch auf die schriftlichen Berichte und Interviews nach der Werksschließung zurückgreifen. Ich als Verfasserin dieses Buches, bin noch eine der wenigen Verbliebenen. Geboren kurz nach dem 2. Weltkrieg, ist meine Kindheit und Jugend auch durch die Existenz des Hochofenwerks geprägt. Der Lärm des Werks und die Werkssirene waren allgegenwärtig. Als kleines Kind habe ich den rotglühenden Himmel während der Abstiche erlebt und kann mich noch an meine Angst erinnern. Besondres im Winter, wenn Schnee lag oder es gar schneite, war der Himmel rot und die ganze Welt schien zu glühen. Im Sommer waren in den Gärten die sonst tiefdunklen Brombeeren grau vom Zementstaub, die roten und schwarzen Johannisbeeren waren durch den schwarzen Kohlenstaub oft nur an der Art der Trauben zu erkennen. Die Wäsche wurde bei bestimmten Windrichtungen nicht aufgehängt und Bindehaut-entzündungen waren an der Tagesordnung. Von 1965-1968 habe ich im Labor des Hochofenwerks Chemielaborantin gelernt und habe durch die häufigen Gänge über das Gelände die vielen Werksteile, die schweren und gesundheitlich schädigenden Arbeiten erlebt. Hitze, Staub und Abgase kann ich heute immer noch fühlen und riechen, obwohl mit der Schließung im August 1981 dies alles der Vergangenheit angehört.

Nachdem seit fast 10 Jahren das Werk nicht mehr existierte, begann auch ich mich an meine eigene Vergangenheit zu erinnern, Kindheit und Ausbildung. Schließlich wurde ich 1995 im Verein für Lübecker Industrie- und Arbeiterkultur ehrenamtlich tätig, erst als Mitglied, schnell als Vorstandsmitglied und schließlich als Vorsitzende (2007 bis 2021). Während dieser ehrenamtlichen Arbeit wurden von mir diverse Ausstellungen mitgestaltet und einige selbst kuratiert, mehrere Publikationen erstellt. Ein wesentlicher Bestandteil der ehrenamtlichen Arbeit waren museumspädagogische Angebote und Führungen zu verschiedenen Themen für alle Altersgruppen. Hierbei ergaben sich immer wieder vertiefende Gespräche mit Zeitzeugen. Diese wertvollen Informationen bestätigten und erweiterten die Angaben der Zeitzeugen, die im Rahmen der wissenschaftlichen Aufarbeitung nach der Schließung des Hochofenwerkes 1981, befragt wurden.

Dass nun dieses Buch über die Arbeit der Hüttenleuten vorliegt, ist der Beharrlichkeit von Egbert Staabs zu verdanken. Egbert Staabs ist das einzige noch lebende Gründungsmitglied des *Vereins für Lübecker Industrie- und Arbeiterkultur e.V.*. Er hat damals nach der Schließung des Werkes in Kücknitz ehrenamtlich begleitende soziale Arbeit für die vielen nun arbeitslosen Menschen geleistet, um das mit der Schließung des Werkes verbundene Trauma erträglich werden zu lassen. Außerdem trugen sein vielfältiger Einsatz,

seine Ideen, die inhaltlichen und handwerklichen Arbeiten ebenso wie die vielen Führungen dazu bei, dass aus der damaligen Ausstellung schließlich ein Museum an einem authentischen Ort wurde und das Museum bis heute vielen Widerständen zum Trotz überlebt hat.
Von ihm habe ich viel gelernt.

Es ist mir ein persönliches Anliegen, Egbert Staabs dieses Buch zu widmen.

Helga Martens

Lübeck, 2022

3 Das Hüttenwesen

Nach der einfachsten zeitlichen Gliederung der Ur- und Frühgeschichte wird die Eisenzeit nach dem verwendeten Material Eisen benannt, das zur Herstellung schneidender Waffen wie Schwerter und Gerätschaften verwendet wurde. Die Eisenzeit reichte in Europa von etwa 800 v. Chr. bis ins 5. Jahrhundert n. Chr. Eisen war bereits in weiten Teilen der Erde wie z.B. in China schon vorher in einem weitaus größeren Zeitraum bekannt.

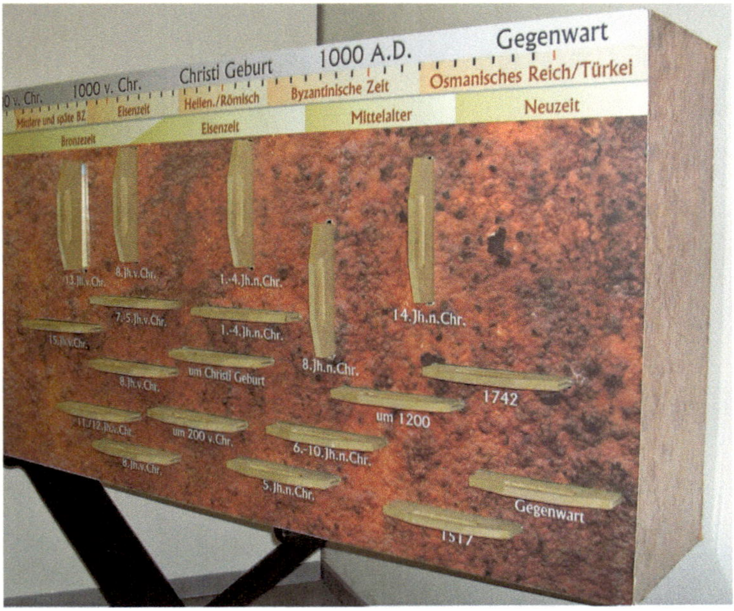

Zeitschiene, *1)

Wichtige Vorkommen von Eisenerz in Deutschland waren die Gebiete der Harz, das Sauerland, das Erzgebirge, der Thüringer Wald, der Schwarzwald und der Bayerische Wald, aber auch das Lahn-Dill-Gebiet nördlich von Wiesbaden, das Siegerland, das Salzgitter-Gebiet, das Wesergebirge, die Schwäbische Alb und der Oberrheingraben. Schon lange ist der Abbau von

Eisenerz in Deutschland nicht mehr wirtschaftlich und damit ist auch die Produktion von Eisen fast nicht mehr vorhanden. Durch die weltweite Klimaveränderung hat sich Deutschland dazu entschlossen aus fossilen Energieträgern auszusteigen. Die Folge ist das Ende des Kohleabbaus in Deutschland. Eisenerz und Kohle werden soweit noch notwendig heute importiert. In der Reihenfolge der Vorkommen stammt es europaweit aus Russland, Ukraine und Schweden, weltweit China, Australien und Brasilien. Die in Deutschland zum Schluss hochtechnisierte Gewinnung von Roheisen und Stahl findet heute bei weitem nicht immer in den jetzigen Abbaugebieten statt, teilweise herrschen Arbeitsbedingungen wie zu Beginn der deutschen Industrialisierung.

In den Anfängen der Eisenzeit wurde in die Erde eine Mulde gegraben und mit Eisenerz und Holzkohle gefüllt. Die Holzkohle, hergestellt von Köhlern in Holzkohlenmeilern, wurde angezündet.

Grundstoffe und Produkt, *2)

Im großen Korb befinden sich die Kohle, davor im kleineren Korb einige Brocken Eisenerz, davor ein fertiges geschmiedetes Produkt.

Nach Stunden sammelte sich auf dem Boden der Mulde eine Art Roheisen, das vom Schmied weiterbearbeitet wurde. Später erhöhte man die Ausbeute durch eingeblasene Luft mittels Blasebalgs, der *Rennofen* entstand.

Rennofen mit Blasebalg und Abstichloch, *3)

Bereits seit 700 v. Chr. breiteten sich überall in Europa die *Rennöfen* sehr schnell aus. Der Name *Rennofen* stammt vermutlich von *rinnen*. Gemeint ist damit die Bewegung des geschmolzenen Eisens während des Brennprozesses: Das schwere Eisen rennt/rinnt nach unten. Der Ofen hatte die Form eines runden Schachtes, der sich nach oben verjüngte, hatte eine Höhe von ca. 100

bis 220 cm und bestand aus Lehm oder Steinen. Unten befand sich an der Sohle eine Erdmulde, wo sich das geschmolzene Eisen sammelte. Dieses wurde durch eine Rinne in eine weitere flache Erdmulde außerhalb des Ofens zum Erkalten abgeleitet. Damit konnte es nach der Abkühlung leicht entnommen und dann durch den Schmied bearbeitet werden. Dieses Verfahren wurde bis ins späte Mittelalter beibehalten. Das Grundprinzip des Rennofens war so erfolgreich, dass es technisch immer weiterentwickelt wurde. Eine Folge war der Bau der Öfen in Größe und Höhe und damit eine erhöhte Produktivsteigerung. Um 1700 gelang es, mit Kohle das Eisen aus dem Erz auszuschmelzen und 120 Jahre später wurde heiße Luft in den Ofen geblasen. Ein weiterer Vorteil durch die Verwendung von Kohle war, dass sich beim Schmelzprozess ein großer Teil Sauerstoff herauslöste. Das Roheisen bekam somit eine bessere Qualität, eine bessere Verarbeitungsmöglichkeit und der spätere Rostprozess konnte vermindert werden.

Seit dieser Zeit wird statt von Rennöfen von *Hochöfen* gesprochen. Um den Schmelzpunkt des Erzes niedrig zu halten und die Schlackenbildung zu ermöglichen, wurden und werden noch heute kalkhaltige *Zuschläge* beigegeben. Außerdem werden so die störenden *Eisenbegleiter* Schwefel und Phosphor entfernt. Diese lagerten sich in der Schlacke ab. Eisenerz, Holzkohle, später Koks und Zuschläge wurden je nach stofflicher Beschaffenheit in einem bestimmten Verhältnis schichtweise von oben in den Rennofen/Hochofen eingegeben, die heiße Luftzufuhr erfolgte immer am unteren Teil des Ofens. Die Gesamtheit der Verfahren zur Herstellung von Metallen oder bestimmten Legierungen aus Erzen oder metallhaltigen Abfällen wird als *Hüttenwesen* bezeichnet. Die Anlage zur Metallgewinnung nennt sich *Hütte*, der Prozessvorgang ist die *Verhüttung*, die dort arbeitenden Menschen nennen sich

Hüttenwerker oder *Hüttenleute*. Der Begriff *Hütte* ist vom Wortursprung ein einfaches kleines Haus, in der Bergmannsprache ein Gebäude, in dem Erz geschmolzen wurde. Hochofenwerke sind demnach *Hüttenwerke*. Es gab seit 1880 den *Verein Deutscher Eisenhüttenleute,* eine Interessenvertretung der Besitzer von Hütten und Hochöfen, eben die *Hüttenwerke.*

Das alte Emblem vom *Verein deutscher Eisenhüttenleute*

Abgebildet sind die hauptsächlich verwendeten Werkzeugen der Eisenhüttenleute: Hammer, Schlägel und Schmiedezange, *4)

Die Hochöfen im Hochofenwerk Lübeck hatten eine Höhe von 29 m. Es erfolgten pro Tag regelmäßig alle 4 bis 6 Stunden Abstiche, bei denen das geschmolzene Roheisen aus dem Hochofen abgelassen wurde, gesondert die leichtere Schlacke, die auf dem flüssigen Roheisen schwamm. Jeder Abstich brachte im Durchschnitt 240 Tonnen Roheisen, das waren 87.600 Tonnen pro Hochofen in einem Jahr. Da in der überwiegenden Zeit drei Hochöfen zeitgleich liefen, wurden rechnerisch 260 Tausend Tonnen/Jahr produziert.

Das Studium Hüttenwesen ist heute möglich:

- Rheinisch-Westfälische Technische Hochschule Aachen, Studiengänge Hüttenwesen & Materialwissenschaft & Werkstofftechnologie / Materialwissenschaft (https://www.rwth-aachen.de/cms/~a/root/) Zugriff 21.04.2022
- Technische Universität Clausthal im Harz, Studiengänge Hüttenwesen & Metallkunde (https://www.tu-clausthal.de/), Zugriff 21.04.2022

Das Studium enthielt früher im Wesentlichen Metallkunde, Chemie, Mathematik, Werkstoffkunde. Heute ist das Studium breiter gefächert und angereichert mit Inhalten wie Maschinentechnik in der Rohstoffindustrie, technisches Englisch, Rohstoff- und Energierecht, Techniken zum Emissions- und Umweltschutz.

4 Wie Lohnarbeit entstand

Lohnarbeit ist die von Menschen geleistet Arbeit gegen Geld, Lohn oder Arbeitsentgelt. Sie wird auch als Erwerbsarbeit bezeichnet. Man steht in einem Abhängigkeitsverhältnis und unterliegt dem Direktions- bzw. Weisungsrecht des Arbeitgebers. Vertragliche Regeln (Arbeitsvertrag, Arbeitsrecht, Tarifrecht,) bestimmen das Verhältnis zwischen Arbeitnehmer und Arbeitgebern. Hier greifen das individuelle (Arbeitsvertrag) und das kollektive (Tarifrecht) Arbeitsrecht. Anderen Formen der Arbeit sind Subsistenzarbeit (Produktion von Gütern und landwirtschaftlichen Produkten für den Eigenbedarf), Haus- und Familienarbeit, ehrenamtliche Arbeit (ohne Entgelt, allenfalls eine Aufwandsentschädigung oder Fahrtkostenerstattung), ausbeuterische und menschenverachtende Arbeit wie Sklavenarbeit, Arbeit von Kriegsgefangenen, Zwangsarbeit wie im Nationalsozialismus.

In den Anfängen der Lohnarbeit wurde die Arbeit mit Naturalien bezahlt. Arbeitsfelder von Lohnarbeit waren Feldarbeit, in Bergwerken und Steinbrüchen, als Bauarbeiter und Transportarbeiter, auf Werften im Schiffbau und als Ruderer auf Schiffen, handwerkliche Hilfsarbeiten. Meist war es eine schwere und eintönige Arbeit, die von Sklaven und Lohnarbeitern geleistet werden musste, ohne Rechte. Die Menschen wurden in Massen von Großgrundbesitzern eingesetzt. Lohnarbeiter wurden auch als *besitzlose Freie* gegenüber den *unfreien Sklaven* bezeichnet. Aus dem Mittelalter kennt man die unbezahlten *Frondienste* für weltliche und geistliche Lehnsherren (persönliche Dienstleistungen überwiegend von Bauern für die Grundherren) ebenso wie Tagelöhner mit der Bezahlung der Arbeit für einen Tag oder nach Stücklohn. Das Ende des Spätmittelalters und die beginnende Neuzeit 1300 bis 1500 war in Europa geprägt durch Aufstände und Widerstandsaktionen von Bauern,

Städtern und Bergleuten, die ökonomische und religiöse Gründe hatten. Der bekannteste Aufstand ist der Deutsche Bauernkrieg 1524 bis 1526 (Quelle 1). Die daraus folgende Bauernbefreiung führte zu einer Bevölkerungsexplosion und schließlich ab dem 18. Jahrhundert durch die fortschreitende Technisierung der Produktionsabläufe zum Kapitalismus, sehr stark vereinfacht. Die produktionsmittellosen Lohn-arbeiter wurden zum Industrieproletariat mit all den schwerwiegenden sozialen und gesundheitlichen Auswirkungen.

Die wichtigsten gesellschaftlichen Strukturen wurden beeinflusst durch die entstehende Arbeiterbewegung: Gewerkschaften, Arbeiterparteien, Genossen-schaftswesen, Frauenemanzipationsbewegung, Arbeitervereine, Arbeitersport-vereine, nicht zu vergessen die Arbeiterbildungsvereine. Aus diesen massiven Bewegungen heraus sah sich die Politik gezwungen rechtliche Regelungen zu schaffen. Heute greifen EU-Verordnungen mit der Verpflichtung zur nationalen Umsetzung und Urteile des europäischen Gerichtshofes in nationales Recht ein.

Verbesserungen in der Arbeitswelt wurden und werden auch heute noch nur durch die Kämpfe der Arbeitert:innen auf verschiedenste Art erreicht. Aus reiner *Menschenfreundlichkeit* wurde den Menschen nie etwas geschenkt, immer standen harte wirtschaftliche und politische Interessen in Konkurrenz zur Menschlichkeit und Natur und Umwelt.

5 Entwicklung der Lohnarbeit in der Region untere Trave

Die Region Kücknitz war landwirtschaftlich geprägt, sie gehörte zum großen Teil zum Lübecker Johannis-Kloster. Es herrschte die Jagd vor, Wald und Gehölze, wenig Ackerbau. Am Kücknitzer Mühlbach wurde eine Mühle betrieben. Die Menschen arbeiten als Mägde und Knechte auf den Gütern des Klosters wie dem Gut Dummersdorf. Kleine geduldete Handwerksbetriebe betrieben nebenbei ein wenig eigene Landwirtschaft und trugen somit zum Unterhalt ihrer Familien bei. Kücknitz umfasst die Orte Dänischburg, Siems, Herrenwyk, Dummersdorf, Pöppendorf, Kücknitz. Zur Zeit der Gründung des Werkes waren in der Region ca. 400 Menschen ansässig. Später kamen durch die wachsende Bevölkerung die Siedlungen Wallberg und Rangenberg hinzu. Die Bevölkerungszahl wuchs schnell mit den Beschäftigten der Industriebetriebe. Nach dem 2. Weltkrieg entstand erst die Behelfshaussiedlung Herreninsel und dann das Neubaugebiet Roter Hahn. (Quellennachweis 2)

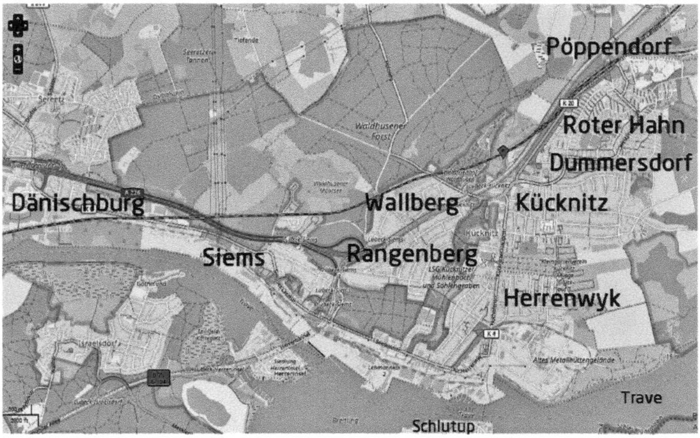

Region Kücknitz heute, OpenStreetMap, *5), siehe auch Anlage 1

Nicht zur Region gehörte auf der anderen Seite der Trave das Fischerdorf Schlutup mit seinen vielen Fischern und Fischräuchereien, später entwickelte sich eine Fischindustrie mit einigen großen Betrieben wie *Tip-Top* und *Hawesta.*

Ein Arbeitskräfteaustausch zwischen den beiden Regionen erfolgt immer mehr. Männer aus Schlutup arbeiten in Kücknitz und Herrenwyk und besonders Frauen aus Kücknitz in der Fischindustrie in Schlutup.

Um 1800 entstand in Lübecks immer mehr Interesse an einer Ausweitung des Handels. Allerdings war man nicht mehr so sehr den Gedanken des Hansebundes zur Zeit der Hanse verbunden, dennoch wirkten seine wesentlichen Grundgedanken aus dieser Zeit hinein. Durch die fortschreitende Entwicklung der Technik, besonders im Schiffs- und Maschinenbau, entstand eine vermehrte Ansiedlung von Industriebetrieben. Als zwangsläufige Folge spielte das Handwerk eine immer geringere Rolle. 1866 wurde die Gewerbefreiheit gesetzlich festgelegt, dieses brach die Tradition des Handelskapitals und schuf so neue Möglichkeiten der Finanzierung von Industrieanlagen. Nach dem Krieg 1870/71 entstand eine wirtschaftliche Blüte zur Gründung von Fabrikbetrieben. 1865 gab es die erste Fabrik mit mehr als 100 Arbeitern, 35 Jahre später, also 1900, waren es 3 Fabriken mit mehr als 500 Beschäftigten. Insgesamt gab es 1890 107 Fabriken mit 2.873 Arbeitern (Quellennachweis 3).

Der Bau des Nord-Ostsee-Kanals (Kaiser-Wilhelm-Kanal) verstärkte die Konkurrenz der aufstrebenden Hafenstädte Hamburg und Bremen mit denen der Ostseehäfen. Der Industriekommission (eine Untergliederung der Handelskammer) wurde Versagen vorgeworfen. Es gründete sich als Reaktion darauf

1889 der *Lübecker Industrieverein*, ein Zusammenschluss von Besitzern von Industrieunternehmen. Man sah den wachsenden Verlust der Lübecker Vorrangstellung gegenüber den anderen Seehäfen in Deutschland. Der Bau des Elbe-Lübeck-Kanals 1900 und die Ausweitung des Eisenbahnnetzes beförderten die Industrieansiedlung in Lübeck positiv.

Lübeck sah in der Ansiedlung von Fabrikvierteln eine staatliche Aufgabe. Um Spekulationen entgegenzuwirken, wurde 1898 von der Stadt Lübeck Gelände aufgekauft, um dieses später zur Industrieansiedlung billig veräußern zu können, eine Art von Wirtschaftsförderung. Beeinflusst wurde die Entwicklung durch den *Rehder-Plan* zum Ausbau der Trave. Oberbaudirektor Dr.-Ing. Peter Rehder war zu der Zeit ein weit vorausblickender Wasserbaudirektor der Stadt Lübeck. Lübecker Großindustrielle wie Possehl, Ewers und Thiel und auch Lübecker Politiker aus Senat und Bürgerschaft wurden schließlich tätig. So wurde auf Betreiben des Industrievereins, schließlich auch mit Unterstützung von Mitgliedern des Senats und der Bürgerschaft das Hochofenwerk 1905 gegründet. Die Grundsteinlegung erfolgte 1906 mit vielen Festreden aus Politik und Wirtschaft, bereits am 7. August 1907 wurde der Hochofen 1 angefahren.

6 Rahmenbedingungen und rechtliche Grundlagen

Mit Einsetzen der Industrialisierung traten massive Veränderungen in Deutschland in vielerlei Hinsicht ein. Die Technik veränderte nicht nur die Arbeits- und Lebenswelt der Menschen, die vorherrschenden bereits vorhandenen rechtlichen Rahmenbedingungen an Arbeit und Wirtschaft mussten angepasst, verändert und ausgeweitet werden. Dabei standen die Arbeitswelt und der Gesundheitsschutz zum Schutze der Menschen meist nicht im Vordergrund. In diesen Bereichen wurden Veränderungen oft nur auf Druck der Arbeitenden in Verbindung mit deren Organisationen vollzogen.

Berufsfreiheit

Die Berufsfreiheit ist das Grundrecht eines jeden Menschen, seinen Beruf frei zu wählen und auszuüben. Geregelt ist das in den Verfassungsordnungen der jeweiligen Staaten. Erstmals gewährte die Verfassung der Französischen Republik vom 24. Juni 1793 in den Artikeln 17 und 18 der vorangestellten Menschen- und Bürgerrechtserklärung das Grundrecht auf berufliche Freiheit. Diese Verfassung wurde allerdings wegen der innen- und außenpolitischen Krisen zunächst ausgesetzt und trat in der Form nie in Kraft.

Im *Artikel 12 des Grundgesetzes (GG)* der Bundesrepublik ist heute die Berufsfreiheit geregelt. (Quellenachweis 4) So heißt es dort:

(1) Alle Deutschen haben das Recht, Beruf, Arbeitsplatz und Ausbildungsstätte frei zu wählen. Die Berufsausübung kann durch Gesetz oder auf Grund eines Gesetzes geregelt werden.

(2) Niemand darf zu einer bestimmten Arbeit gezwungen werden, außer im

Rahmen einer herkömmlichen allgemeinen, für alle gleichen öffentlichen Dienstleistungspflicht.

(3) Zwangsarbeit ist nur bei einer gerichtlich angeordneten Freiheitsentziehung zulässig.

Die Berufsfreiheit galt für alle - doch nicht für verheiratete Frauen!

Als am 1.1.1900 das *Bürgerliches Gesetzbuch (BGB)* in Kraft trat, stand im § 1354 der Satz: *„Dem Manne steht die Entscheidung in allen das gemeinschaftliche Leben betreffenden Angelegenheiten zu"*. Damit entschied der Mann nicht nur über Haushaltsführung (z.B. über die Höhe des Haushaltsgelds) und Erziehung der Kinder, sondern über eine Arbeitsaufnahme der Ehefrau in Streitfällen allein. Arbeitsverträge der Ehefrau konnte er sogar gegen ihren Willen kündigen. Dieses galt gesetzlich bis 1958. Erst ab dann galt die gesetzliche Regelung im BGB: *Die Frau führt den Haushalt in eigener Verantwortung. Sie ist berechtigt, erwerbstätig zu sein, soweit dies mit ihren Pflichten in Ehe und Familie vereinbar ist.* Das bedeutete, wenn bei Uneinigkeit der Eheleute der Mann die Vereinbarkeit durch eine Arbeitsaufnahme anzweifelte, konnte er notfalls über einen Gerichtsbeschluss die Arbeitsaufnahme verhindern. Dieses (Un-)Recht wurde *gesetzlich* erst 1977(!) in der *Ehe- und Familienrechtsreform* abgeschafft mit dem § 1356 im Bürgerliches Gesetzbuch (BGB) - *Regelung zu Haushalts-führung und Erwerbstätigkeit*:

(1) Die Ehegatten regeln die Haushaltsführung im gegenseitigen Einvernehmen.

(2) Ist die Haushaltsführung einem der Ehegatten überlassen, so leitet dieser den

Haushalt in eigener Verantwortung.

(3) Beide Ehegatten sind berechtigt, erwerbstätig zu sein. Bei der Wahl und Ausübung einer Erwerbstätigkeit haben sie auf die Belange des anderen Ehegatten und der Familie die gebotene Rücksicht zu nehmen.
(Quellennachweis 5)
Praktiziert wurde der Absatz 2 verschiedentlich schon früher.

Gewerbeordnung

Die Gewerbeordnung (GewO) ist ein deutsches Gesetz, das die Freiheit ein Gewerbe zu betreiben inhaltlich bestimmt und beschränkt. Der Erlass erfolgte 1869 als *Gewerbeordnung für den Norddeutschen Bund*, wurde 1883 zur *Gewerbeordnung für das Deutsche Reich* und gilt mit vielen Änderungen in ihren Grundzügen bis heute. Die Bestimmungen einzelner Gewerbe werden durch die Gewerbeordnung konkretisiert. Zudem wird das Arbeitsverhältnis oder der Arbeitsvertrag durch die Vorschriften der *§§ 105 bis 110 Gewerbeordnung* näher bestimmt, z.B. Arbeitszeugnis und Direktionsrecht (Quellennachweis 6).

Handwerk und Zünfte

Ausgehend vom Mittelalter waren eine der ersten wirtschaftlichen Zusammenschlüsse im Handwerk die *Zünfte*. Es handelte sich um Zusammenschlüsse derselben Gewerbearten, von selbständigen Handwerkern zur gegenseitigen Unterstützung und zur Wahrung von Interessen, Regelungen der Ausbildung vom Lehrling bis zum Meister. Die Zünfte kontrollierten in den Städten die Anzahl der Handwerker, Gesellen und Meister. Die Regeln wurden in der jeweiligen *Zunftordnung* schriftlich festgehalten und nahmen neben den wirtschaftlichen Funktionen auch religiöse, soziale, kulturelle und sogar militärische Aufgaben wahr. Das mittelalterliche *Zunftwesens* bestimmte das Leben ihrer Mitglieder *von der Wiege bis zur Bahre*. Die Zunftordnungen bildeten ein mit der politischen Ordnung verwobenes, regional unterschiedliches System der Marktabschottung, gepaart mit dem damals noch fehlenden Sozialsicherungssystem für das Handwerk. Die Gründung von Handwerkskammern, die über das Handwerk wachen, geht in Deutschland auf das *Handwerkergesetz von 1897* zurück. Das Reichsgesetz schuf die Voraussetzung für die Bildung der Kammern. Im gesamten Deutschen Reich wurden von April 1900 an insgesamt 71 Handwerkskammern gegründet. (Quellennachweis 7)

Die Zünfte wirken noch heute in Form von *Handwerkskammern* mit Pflichtmitgliedschaft von Handwerksbetrieben nach. Handwerkskammern sind heute Körperschaften des Öffentlichen Rechts. Geregelt sind Vorschriften über Wesen und Inhalte von Berufsausbildung, Ablegen der Zwischen- und Abschlussprüfungen, Prüfungen für Gesellen und Meister. Es gibt heute in Deutschland über 50 Handwerkskammern mit jeweils einem Lenkungsausschuss und einer Geschäftsführung. Die Vertretung des Handwerks von gemeinsamen Interessen gilt es gegenüber Politik und Wirtschaft wahrzunehmen.

Weitere Auswirkungen dieser früheren Zeiten sind in vielen speziellen Aspekten der deutschen Kultur und in der Alltagssprache zu finden. Dazu gehören die Begriffe wie *Meister, Innung, Walz, Freimaurerei*, aber auch die Wörter wie *zünftig* und *Standesdenken*, wenn auch mit erweiterter Bedeutung.

Handel und Industrie

Die Idee der Selbsthilfe der Kaufleute durch Zusammenschluss geht bis ins Mittelalter zurück. 1451 hatten sich beispielsweise die *Elterleute* (*Olderlüde des Koopmanns*) der bremischen Kaufmannschaft eine Satzung gegeben. In Handels- oder Gewerbekammern werden auch heute noch

Kommerzkammern, Handelsdeputationen, kaufmännische Ältestenkollegien gebildet. Dieses sind Organe zur (Selbst-)Vertretung der kaufmännischen und industriellen Interessen in einem Bundesland oder einer bestimmten Region. 1675 gründete sich das *Lübecker Kommerzkollegium.* 1853 wurde dieses Kaufmannskollegium zur Kaufmannschaft, gleichzeitig entstand eine erste Handelskammer. 1937 wurden die beiden Gremien in der *Preußischen Industrie- und Handelskammer* zusammengefasst, sprich die Gremien wurden von den Nationalsozialisten gleichgeschaltet.

Industrie- und Handelskammern sind heute Körperschaften des Öffentlichen Rechts zur Förderung der gewerblichen Wirtschaft in einer Region, zur Wahrnehmung der Interessen der Gewerbetreibenden der Region. Es herrscht eine wirtschaftliche Interessenvertretung gegenüber der Politik in der Region und bundesweit. Im Gegensatz zu den Handwerkskammern gibt es keine direkte Pflichtmitgliedschaft. Dennoch gelten die Regelungen der kaufmännischen und regionalen Berufsausbildung. (Quellennachweis 8)

Arbeits- und Sozialrecht

Heute regelt das *Arbeits- und Sozialrecht* die Rechte und Pflichten für Arbeitnehmer und Arbeitgeber in einer unüberschaubaren Anzahl von Gesetzen und Verordnungen das Zusammenwirken von Arbeitnehmer:innen und Arbeitgeber:innen. Teilweise sind Rechte und Pflichten versteckt in Gesetzen und Verordnungen oder ergeben sich aus Richtlinien, die auf den ersten Blick nichts mit Arbeits- und Sozialvorschiften zu tun haben. Eine wichtige Rolle spielt seit Bestehen der Bundesrepublik das Richterrecht, das im Laufe von Jahrzehnten auf Grund richterlicher Auslegungen durch einzelne Klageverfahren vor den Arbeits- und Sozialgerichten in erster, zweiter und dritter Distanz entstanden ist und sich ständig weiterentwickelt. Es regelt einen

Einzelfall, hat bei Grundsatzurteilen Auswirkung auf ähnlich gelagerte Fälle. Tritt im europäischen Recht eine Änderung ein, so wirkt dieses direkt oder muss durch Handeln der Mitgliedsstaaten im jeweiligen Land der EU umgesetzt werden. Ebenso wirken das Tarifrecht und Tarifverträge mittelbar oder unmittelbar auf die Arbeitsverträge, ohne dass diese im Einzelnen geändert werden müssen. Generell spricht man vom individuellen (einzelvertraglichen) und kollektiven (tarifvertraglichen) Arbeitsrecht. Im Bereich des Öffentlichen Dienstes spielt das Beamten- und Dienstrecht, teilweise auch Verwaltungsrecht mit hinein.

Nur um die Vielfalt und die Schwierigkeit im Umgang mit dem Arbeits- und Sozialrecht zu verdeutlichen: Jedes Jahr gibt der BUND-Verlag mit dem *KITTNER* eine Sammlung von Gesetzen mit Einleitungen und Übersichten aus dem Bereich Arbeits- und Sozialordnung heraus. Mittlerweile gibt es im Jahr 2021 die 46. Auflage seit 1976 mit 35 Rechtsgrundlagen, vollständigen Gesetzen bzw. Auszügen, von A bis Z, vom Aktiengesetz über Kündigungsschutzgesetz bis zur Zivilprozessordnung, auf über 1700 Seiten.

Zur Zeit der Gründung des Hochofenwerkes 1906 galten u.a. folgende rechtliche Grundlagen:

- Gewerbeordnung für das Deutsche Reich, 1883
- Gesetz zur Krankenversicherung, 1883
- Unfallversicherungsgesetz mit Maßnahmen zur Unfallverhütung, Unfallrente (Invalidenrente), medizinische Heilbehandlung, 1884
- Gesetz betreffend die Invaliditäts- und Altersversicherung (Rentenversicherung) 1889

- Regelung zum Arbeitsschutz 1891, wie
  - Abschaffung der Sonntagsarbeit
  - keine Fabrikarbeit für Kinder unter 13 J.
  - keine Arbeit über 10 Stunden pro Tag für Jugendliche unter 16 J.
  - nicht mehr als 11 Stunden Arbeit für Frauen
  - Abschaffung der Nachtarbeit für Frauen und Arbeiter unter 16 J.

  Über die Einhaltung dies Vorschriften des Arbeitsschutzes wachte die staatliche Gewerbeaufsicht.

Der Verein Deutscher Eisenhüttenleute *(VDEh)*, wurde 1860 als Technischer Verein für Hüttenwesen gegründet, und 1880 umbenannt. Die Verbandszeitschrift ist heute eingegangen in das *Stahlinstitut VDEh* mit Sitz in Düsseldorf. Es werden dort Themen der Stahlindustrie aus technisch-wissenschaftlicher Sicht behandelt. (Quellennachweis 9)

7 Einfluss von Gewerkschaften und politischen Gruppierungen auf die Arbeitswelt und auf das Hochofenwerk Lübeck

Jahrhunderte regierte nicht nur in Deutschland der Adel. Doch der Ruf des Bürgertums sowie der Handwerker und Arbeiter nach mehr Demokratie wurde lauter und führt schließlich 1848/49 zur Deutschen Revolution. Im selben Jahr tritt die Frankfurter Nationalversammlung zusammen und verabschiedete die erste deutsche Verfassung. Doch die Monarchie schlug zurück, die Revolution scheiterte. Dennoch: die technische Entwicklung ließ sich nicht aufhalten!

Bereits im 16. Jahrhundert bildeten sich durch die Zerlegung der Arbeit Manufakturen. Durch schlechte Bezahlung, gesundheitlich schädigende Arbeits-bedingungen und der damit einhergehenden Verelendung kann man diese Zeit als Beginn der Arbeiterklasse ansehen. Die Erfindung der Dampfmaschine am Ende des 17. Jahrhunderts revolutionierte die Welt. Sie hielt Einzug in Webereien, Spinnereien und Manufakturen, gefolgt vom Einzug in der Kohle-, Eisen- und Stahlindustrie. Es entstand der Zweig der Schwerindustrie. 1835 nahm auf der Strecke Nürnberg - Fürth die erste deutsche Eisenbahn ihren Betrieb auf und eröffnete damit neue Möglichkeiten im Warentransport und in der Personen-beförderung. Waren konnten schneller und damit günstiger transportiert werden. Es gilt als die Geburtsstunde des industriellen Kapitalismus in Deutschland.

Wie schon in den Manufakturen waren die Arbeiterinnen, Arbeiter und Kinder den Fabrikherren schutzlos ausgeliefert. Für Hungerlöhne schufteten sie 14 bis 16 Stunden pro Tag, lebten mit ihren Familien in viel zu engen Behausungen. Sie waren unterernährt, die hygienischen Bedingungen verheerend. Krankheiten wie Tuberkulose breiteten sich rasant aus, ähnlich wie die Pest im Mittelalter.

Eine Interessenvertretung der Arbeiter:innen, gleich in welchem Arbeitsbereich, gab es nicht. Die vorhandenen rechtlichen Grundlagen und die Rechte daraus, wie Gewerbeordnung und das Zunftwesen galten den Interessen der Fabrikbesitzer und der Handwerkerschaft. Lediglich in den sich bildeten Arbeitervereinen agierten Arbeiter miteinander, auch als Vertreter der Arbeiterklasse über ihre Arbeitssituationen gegenüber den Arbeitgebern. Mit Einsetzen und Ausweitung der Industrialisierung verschärften sich die Auseinandersetzungen in der Gesellschaft und in der Arbeitswelt immer mehr. Es entstanden vermehrt Vereinigungen, die politisch agierten und Forderungen aufstellten. Im *Vormärz*, die Zeit zwischen 1815 und der Märzrevolution 1848, entstanden im Verlauf der Deutschen Revolution 1848/1849 erste Gewerkschaften auf nationaler Ebene, die sich in der Tradition der Zunftverfassung auf einzelne Berufsgruppen beschränkten. Die erste Gewerkschaft in Deutschland, der *Nationale Buchdrucker Verein*, wurde im Juli 1848 gegründet. Ende August 1848 rief der Schriftsetzer Stephan Born das *Berliner Zentralkomitee für Arbeiter* aus, die erste deutsche Massenbewegung von Arbeitern. Gewerkschaften entstanden als Gegenreaktion auf die Ausbeutung von Fabrikkanten und der damit einhergehenden Verelendung der Arbeiterklasse. Die Geschichte der Gewerkschaften ist geprägt vom steten

Kampf gegen die Interessen von Arbeitgebern, Arbeitgeberverbänden oder vom Staat.
Eine Gewerkschaft zu bilden ist seit 1949 das verankerte Recht im *Artikel 9* des Grundgesetztes, eine Interessenvertretung von abhängig beschäftigten Arbeitnehmer:innen zur Verbesserung ihrer wirtschaftlichen, sozialen und kulturellen Belange:
(1) Alle Deutschen haben das Recht, Vereine und Gesellschaften zu bilden.
(2) Vereinigungen, deren Zwecke oder deren Tätigkeit den Strafgesetzen zuwiderlaufen oder die sich gegen die verfassungsmäßige Ordnung oder gegen den Gedanken der Völkerverständigung richten, sind verboten.
(3) Das Recht, zur Wahrung und Förderung der Arbeits- und Wirtschaftsbedingungen Vereinigungen zu bilden, ist für jedermann und für alle Berufe gewährleistet. Abreden, die dieses Recht einschränken oder zu behindern suchen, sind nichtig, hierauf gerichtete Maßnahmen sind rechtswidrig. Maßnahmen nach den Artikeln 12a, 35 Abs. 2 und 3, Artikel 87a Abs. 4 und Artikel 91 dürfen sich nicht gegen Arbeitskämpfe richten, die zur Wahrung und Förderung der Arbeits- und Wirtschaftsbedingungen von Vereinigungen im Sinne des Satzes 1 geführt werden. (Quellennachweis 10)
Mitglieder einer Gewerkschaft werden als Gewerkschafter:innen bezeichnet. Die *Einheitsgewerkschaft* tritt ein für alle Berufsgruppen in einem Geltungsbereich und/oder in einem Betrieb. In der BRD sind das die meisten Gewerkschaften. Der größte Teil der Gewerkschaften in der Bundesrepublik haben sich im Deutschen Gewerkschaftsbund (DGB) zusammengeschlossen.

Standen anfangs die Löhne und einige Rahmenbedingungen wie die Verkürzung der Arbeitszeit und Bedingungen der Schichtarbeit im Focus, so folgten weitere zu Arbeitsbedingungen und Arbeitssicherheit, erst später Urlaub. Dieses waren alles Bedingungen, die die Arbeit direkt betrafen. Politische Streiks waren nicht erlaubt. Trotzdem wurden politischen Auffassungen immer wieder laut vertreten. Man hielt nicht damit hinter dem Berg, wo man politisch stand. Eine Ausnahme des politischen Streiks war gerade in Schleswig-Holstein 1956 in der Metallindustrie die Auseinandersetzung um die *Lohnfortzahlung im Krankheitsfall*, Dauer 6 Wochen. Die massive Unterstützung der Frauen war von immenser Bedeutung. Der längste Streik in Deutschland überhaupt mündete anfangs teilweise in Tarifverträge, später beschloss der Bundestag das *Gesetz zur Verbesserung der wirtschaftlichen Sicherung der Arbeiter im Krankheitsfalle, Lohnfortzahlungsgesetz von 1969*.

Ein gewerkschaftlicher Slogan, der 1956 in die Geschichte eingegangen ist, war das Motto:

Samstags gehört Vati mir!

Es war die Auseinandersetzung um die Fünftagewoche und glich einer Massenbewegung. Vielen älteren Menschen mag das noch heute in den Ohren klingen. Weitere Aspekte, die von Gewerkschaften mehr oder weniger aktiv aufgegriffen wurden, waren und ist noch immer die Arbeit von Frauen in der Arbeitswelt, die Frauenerwerbstätigkeit mit dem langen Weg zur zumindest teilweisen Anerkennung. Nicht zu vergessen ist dabei der oftmals schwierigere Weg in der innergewerkschaftlichen Auseinandersetzung um Frauen, besonders wenn es um Posten und Funktionen ging. Auch heute ist es noch so.

Der stetige Wandel in der Arbeitswelt, besonders ausgelöst durch die Entwicklung neuer Technologien und Arbeitsformen, musste auch erst einmal in die gewerkschaftliche Diskussion Eingang finden, um daraus gewerkschaftliche Forderungen zu entwickeln. Soziale Belange finden in der gewerkschaftlichen Arbeit ihren Niederschlag. Das Thema Mitbestimmung mit all den Erfolgen und Niederlagen beschäftigen die Gewerkschaften bis heute immer wieder neu. Eine Verbindung zwischen Gewerkschaften und Betriebsräten waren schon immer eine notwendige Symbiose in der Arbeitswelt.

Mit der Industrialisierung weitete sich die Zahl von Arbeiterorganisationen und

-vereinen aus, in denen sich Arbeiter:innen zusammengeschlossen hatten. Ein reges kulturelles Leben zeichnete diese Zeit aus, förderte die Solidarität und schuf einen Gegenpol zur dominieren harten Arbeitswelt im Leben der Familien. Besonders im Bereich Sport waren die Arbeitersportvereine so vielfältig wie die Sportarten selbst.

Viele Gewerkschafter:innen waren organisiert in bestehenden Parteien, wobei die SPD mit ihren politischen Positionen am ehesten Anknüpfungen bot. Nicht außeracht gelassen werden darf, dass gerade auf der örtlichen Ebene eine Identifikation mit aktiven Personen eine große Rolle spielte. Bei Personaldebatten, wenn es um die Bewerbung für Vorstandsposten und Mandate ging, spielte ein Zugehörigkeit zu einer Gewerkschaft eine wichtige Rolle. Ein Bespiel aus der Zeit vor dem 2. Weltkrieg zeigt es: Der Touristenverein „Die Naturfreunde" e.V. schuf mit seinen vereinseigenen Häusern günstige Übernachtungsmöglichkeiten. Besonders in der Nähe von schönen und faszinierenden Landschaften abseits von Industriegebieten und Großstädten waren die Häuser Ausgangpunkte für Wandertouren. Mündlich überliefert ist, dass in den Anfängen des Vereins man nur Mitglied werden

konnte, wenn man einer Gewerkschaft angehörte und den „Vorwärts", damals die Zeitung der Arbeiterklasse, abonniert hatte. Bei Treffen war der „Vorwärts" vielfach das Erkennungszeichen.
Mit den gesellschaftlichen Veränderungen während der 1970/80 Jahre wandelte sich vieles, besonders in Bereichen der Arbeiterschaft.

Einflüsse auf das Hochofenwerk Lübeck

Die allgemeine politische Entwicklung zeigte auch im Hochofenwerk Lübeck ihre Wirkung. Der Betrieb wurde durch Dr. Moritz Neumark patriarchalisch geführt, man war nach den damaligen Vorstellungen eine große Familie: Der Vater hatte das Sagen, die Arbeiter sollten arbeiten und kein politisches Bewusstsein entwickeln oder gar politisch handeln. Arbeiter- und Beamtenwohnungen waren strikt getrennt. Für Arbeiter gab es eine Kantine am Werk, für Beamte das Kasino mit Gaststätte, Kegelbahn, Gesellschaftsräumen und eine großzügige Parkanlage.
Gewerkschaft und Parteien waren in der Werkssiedlung vom Werk nicht gern gesehen, dennoch wurde der Organisationsgrad immer höher und somit wuchs der Einfluss der Gewerkschaft, der politischen Parteien und der vielen Arbeitervereine.
Eine der ersten massiven Auseinandersetzung im Betrieb war der Streik 1924. Nach der Inflation stieg im Winter 1923/24 in Deutschland die Arbeitslosigkeit auf 1,5 Millionen, im Winter 1925/26 gar auf 2 Millionen an. Die in der Vorkriegszeit errungene Verkürzung der täglichen Arbeitszeit auf 8 Stunden wurde 1923 einfach per Verordnung wieder aufgehoben. Dieses führte im Hochofenwerk im März/April 1924 zu einem der größten Arbeitskämpfe in der Geschichte des Werkes. 5 Wochen dauerte der Streik, der schließlich durch

einen Schiedsspruch beendet wurde, Arbeiter entlassen und damit die Macht der Gewerkschaft geschwächt. (Quellennachweise 11)

Einen großen Einfluss auf die Arbeiterbewegung und Arbeiterkultur und damit auch auf den Betrieb und den Zusammenhalt der Arbeiterschaft hatten die Parteien vor Ort wie die SPD - Kücknitz, die KPD, der Reichsbanner und besonders die vielen Arbeitervereine. Hier können einige benannt werden: Arbeitersportverein Kücknitz, Arbeiterradfahrverein, Seglerverein Herrenwyk. Nicht zu vergessen sind die dazugehörenden Musikkapellen und Spielmannzüge, die den Zusammenhalt festigten. Hervorzuheben sind die von *Ruhrpöttlern* mitgebrachten Karnevalsvereine. (Quellennachweis 12)

Banner Rad- u. Kraftf. Bund „Solidarität“, *6)

Banner Arbeiter-Gesangs-Verein, *7

Natürlich versuchte man seitens des Werkes der Politisierung entgegenzuwirken: Das Werksorchester, die Werksbibliothek, Vorführungen von Spielfilmen im werkseigenen Kino und besonders die schwimmende Badeanstalt in der Trave konnten von allen genutzt werden, reduzierten aber nicht den Einfluss der Organisationen und damit die Zusammengehörigkeit der Arbeiter. Da die Arbeiterschaft gewerkschaftlich gut organsiert war, wurde die Vertretungen der Arbeiter wie der Betriebsrat im Betrieb über Jahrzehnte beeinflusst. Andererseits gab es den Beamtengesangsverein, den Kegelclub, zu denen aber nur die Beamten Zugang hatten. (Quellennachweis 13)

Seit den 1950er Jahren wurde einmal im Jahr der Kasino-Garten *demokratisiert*. Die für die Arbeiterschaft wichtige Mai-Feier am 1. Mai, dem *Tag der Arbeit*, konnte dort abgehalten werden. War es ein Zugeständnis an die Arbeiter und die Familien oder vielmehr eine Kontrollmöglichkeit, um zu sehen, wer sich an der Mai-Feier beteiligte?

8 Produktion und Arbeit im Hochofenwerk Lübeck

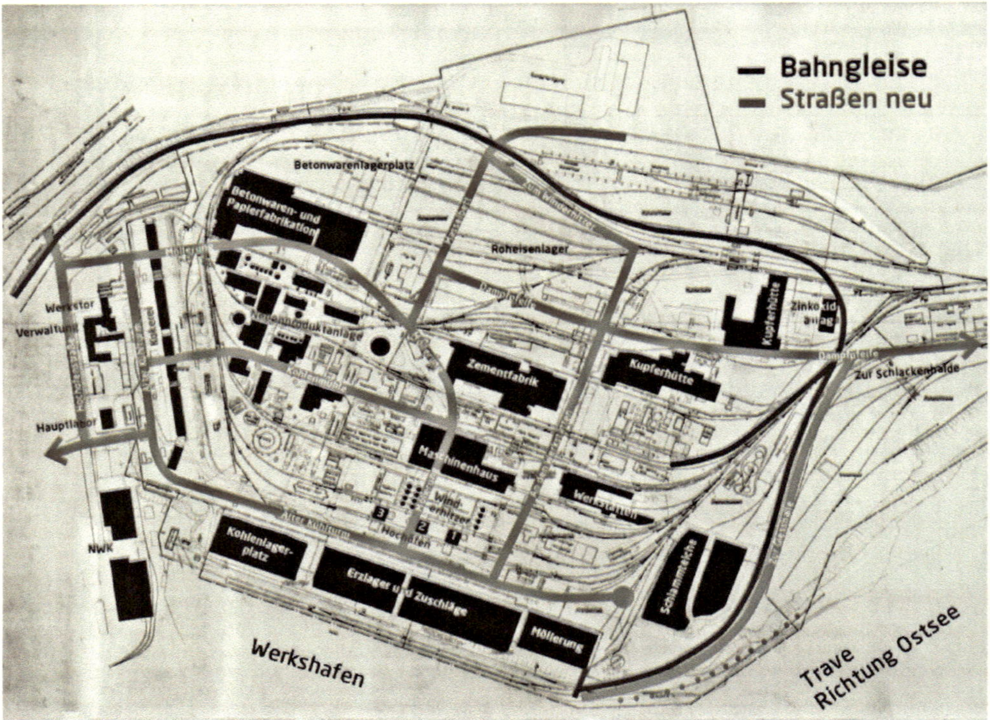

Das Werksgelände – gestern und heute, *8), siehe auch Anlage 2

Der Betrieb wurde von Dr. Neumark patriarchalisch (Herrschaft der Männer als *Vater*) aufgebaut und geführt. Entsprechend straff durchstrukturiert war die Organisation auf allen Ebenen des Betriebes und der gesamten Mitarbeiterschaft, vom Chef bis zum Arbeiter. Alles bedingte einander, jedes Rädchen hatte entsprechend seiner Funktion und Aufgabe in das nächste Rädchen zu greifen. Ausfällen musste entgegengewirkt werden.

Die Beschäftigten des Werks waren in der Rangfolge anfangs

- höhere Betriebsbeamte mit technischer Hochausschulbildung oder entsprechender anderweitiger technische Ausbildung
- kaufmännisch Ausgebildete aus dem Offiziersstand, daher der Begriff *Beamte*
- zahlreiche Beschäftigte wie Werkmeister und gleichgestellte Angestellte, die aus dem Unteroffizierstand kamen
- im gesamten Betrieb war die Masse der Beschäftigten das Heer der Arbeiter, als Berufe galten anfangs die *Hüttenmänner* und *Schmiede* im Hüttenwesen. es. Im Betriebsteil Hochofen und teilweise in der Kokerei gab es einige bestimmte Bezeichnungen von Gruppen von Arbeitern, entstanden aus der jahrhundertelangen Tradition des Hüttenwesens. Es gab nur einige wenige Frauen im Bereich der Zementfabrik (siehe dort).

Amboss und Werkzeug für Schmiedearbeiten, *9)

In der Arbeiterschaft im engeren Sinne gab es die Unterscheidung von *Handarbeit* und *Maschinenarbeit.*(Quellennachweis 14) Eine typische

Handarbeit in diesem Sinne war die Arbeit am Abstich des Hochofens, die Eisenbrecher am Masselbett oder die Kokslöscher an der Kokerei. Dagegen war Maschinenarbeit die Arbeit des Aufzugsführers im Maschinenhäuschen unterhalb des Schrägaufzugs am Hochofen, sein Arbeitsplatz war direkt an die Fördermaschine gebunden. Im Laufe verschiedener Entwicklungen der folgenden Jahrzehnte wurde die Personalsituation entsprechend angepasst, besonders in Bezug auf Einsatz von Technik und später EDV.

In Lübeck und im gesamten norddeutschen Raum gab es natürlich keine Facharbeiter für Eisenhüttenbetriebe mit qualifizierter Ausbildung. Dr. Neumark warb hunderte ausgebildete Arbeiter in den Industriegebieten insbesondere in Oberschlesien ab, wo er gewirkt hatte und sich demnach gut auskannte. Sein Motto: Wenn man schon einen Bienenschwarm abwirbt, dann benötigt man einen Bienenstock, er zog den Vergleich zu den Qualifikationen im Bienenstaat. Bienen waren Arbeiterinnen, Soldaten als Bewacher. Darüber stand die Hege und Pflege der Königin. So war es für ihn selbstverständlich, dass für die Abgeworbenen eine Bleibe geschaffen werden musste. Das geschah anfangs durch die neue Werkssiedlung Herrenwyk direkt neben dem Werk. Weitere Wohngebiete in Kücknitz folgten. Die Intensionen Dr. Neumarks waren modernes amerikanisches Industriemanagement und betriebliches Zusammengehörigkeitsgefühl aller Beschäftigten. Im gesamten Betrieb und auf allen Ebenen galten strenge Vertretungsregelungen, der Betriebsablauf wurde zwingend eingehalten, jede Störung konnte Verluste bringen.

8.1 Die Verwaltung

Grundlage für die Organisation des Werkes war eine straffe Verwaltungsgliederung in allen kaufmännisch und technisch Bereichen.
Die Verwaltungsorganisation passte sich in das patriarchalische System des Betriebes ein. Die Verwaltung beinhaltete u.a.: Büro des Generaldirektors, Sitzungsraum für Aufsichtsrat und Vorstand, Arbeitsräume für die Direktoren, Registratur und Schreibmaschinenzimmer. Die Verwaltung bestand aus Männern, erst mit dem Einsatz von Schreibmaschinen wurden Frauen als Schreibkräfte beschäftigt, später kamen Datentypistinnen und Sekretärinnen hinzu. Selten war der Einsatz von Frauen in allen anderen Bürobereichen. Vieles wurde handschriftlich mit Bleistift oder Tinte ausgeführt, erst mit dem Einsatz der Typenschreibmaschine um 1900 wandelte sich die Büroarbeit grundlegend, überall in der Wirtschaft und der Verwaltung. Durch die Entwicklung der elektronischen Datenverarbeitung wurde die klassische Schreibmaschine in den 1970er Jahre durch Schreibautomaten und später PCs (Personal Computer) ersetzt.
Die Benennungen der einzelnen Arbeiten in den Büros wurden hier ausgeklammert, da es sich hier nicht um spezielle Tätigkeiten in der Schwerindustrie handelt, sondern überall in der Wirtschaft anzutreffen waren. Die Verwaltung im Hochofenwerk wurde in Abteilungen gegliedert, wie Erzabteilung, Lohnbüro, Buchhaltung, Datenerfassung, Telefon-Zentrale. Ständig wiederkehrende Massenarbeit wie Datenerfassung und Schreibarbeiten waren meist Frauenarbeitsplätze. (Quellennachweis 15) Die technischen Büros waren die Domäne der Männer, erst sehr spät konnten am unteren Ende der Hierarchie technische Zeichnerinnen einen Arbeitsplatz finden. Hier arbeiteten die *Betriebsingenieure,* ausgebildete Diplom-Ingenieure im Hüttenwesen in

leitender Position, die ihnen unterstellten *Assistenten* (ebenfalls Dipl.-Ing.) und *technischen Aufseher (Meister)*. Die Betriebsingenieure hatten die Obacht und Verantwortung über alle Produktionsprozesse und gaben Anweisungen über alle technischen Leitungen bis hin zu den Arbeitern. Die technischen Angestellten waren zuständig für die Überwachung der Qualität der erzeugten Produkte und die Maschinen.

8.2 Betriebsgliederung des Hochofenwerks Lübecks

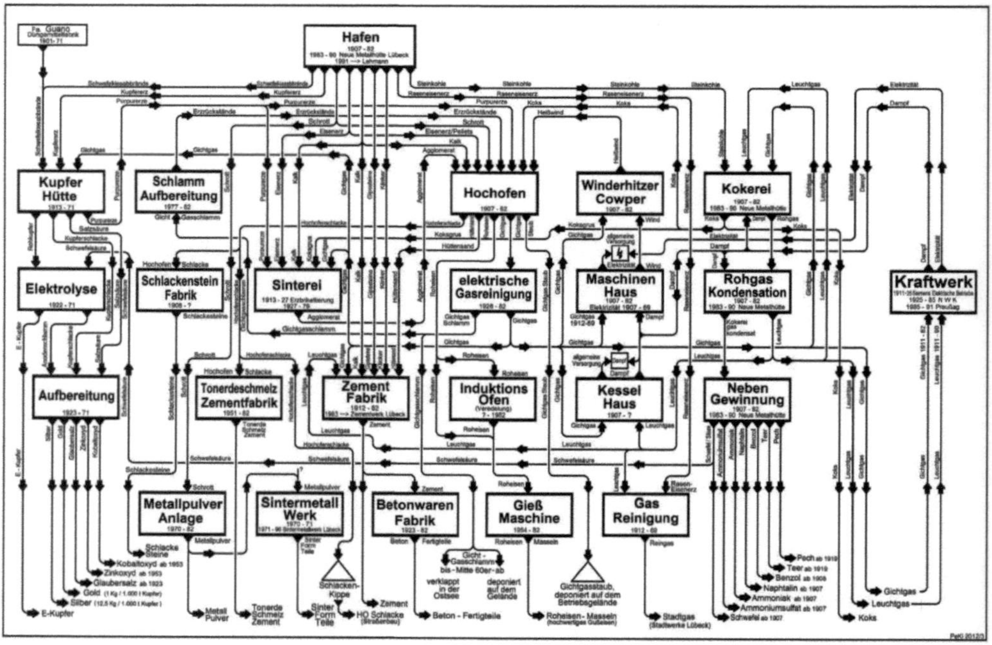

Hochofenwerk Lübeck, Produktionsablauf, 1965, *10), siehe auch Anlage 3

Das Schaubild zeigt das Zusammenwirken und die Abfolge aller Betriebsteile im Hochofenwerk Lübeck. Ob eine Materialanlieferung mit Schiffen über das Wasser oder mit der Eisenbahn auf dem Schienenweg erfolgte, war abhängig vom Standort eines Hochofenwerkes. In allen Hochofenwerken war die Abfolge der Prozesse gleich. Der Hochofen war das Herzstück eines Hochofenwerkes. Die Möllerung war vorgeschaltet für die Anlieferung und Lagerung der Rohmaterialien Eisenerz und Zuschläge. Ein weiteres Rohmaterial war hochwertige Kohle, die in den Koksbatterien der Kokerei zu Koks aufbereitet werden musste, ein Brennmaterial mit kaum gebundenem Sauerstoff. Die Zusammenstellung aller notwendigen Rohmaterialien für die Beschickung des Hochofens geschah in der Möllerung. Die bei der Verkokung entstehenden „Abfallprodukte" wurden in der Rohgaskondensation und der Nebenproduktanlage zur weiteren Verwendung oder zum späteren Verkauf aufbereitet. Um den Schmelzprozess im Hochofen zu ermöglichen, musste die in den Winderhitzern erzeugte heiße Luft in den Hochofen eingeblasen werden. Eine optimale Durchlässigkeit für die Luft im gesamten Hochofen wurde erreicht durch entsprechende Räume zwischen Koks, Eisenerz und Zuschlägen. Eisenerz wurde dafür in der Metallpulveranlage zu grobem Staub zerkleinert, in der Sinteranlage zu Eisenpellets aufbereitet und dann bei der Beschickung entsprechend dem Bedarf gemischt und dem Hochofen zugeführt. Die Kunst bestand darin, das richtige Mischungsverhältnis aller Rohmaterialien zu erreichen. Jahrhundertelange Erfahrung um das Wissen darum machte es möglich. In der längsten Zeit des Hüttenwesens floss das glühende Roheisen aus dem Abstichloch des Hochofens in ein Sandbett in der Gießhalle. Die anfallende Schlacke wurde separat abgeleitet und in der Zementfabrik und teilweise in der angegliederter Schlackenstein- und der Betonwarenfabrik verarbeitet. Fiel zu viel Schlacke an, erfolgte eine Ablagerung, in Lübeck auf der Schlackenhalde. Durch die Verwendung bestimmter Eisenerzgrundstoffe fielen beim

Herauslösen des Eisens in großen Mengen Kupfer und Zinkoxyd an. Das Kupfer wurde in der Kupferhütte und das Zinkoxyd in der der Zinkoxydanlage gewonnen und dem Verkauf zugeführt.

8.3 Arbeiten direkt am Hochofen

Im Hochofenwerk Lübeck liefen die meiste Zeit 3 Hochöfen, sie waren komplizierte *Wesen* mit vielen einzelnen Einheiten, die nur im Zusammenwirken funktionierten. Die Rohstoffe Eisenerz, Koks und Zuschläge wurden zugeführt, teilweise nach vorheriger notwendiger Vorverarbeitung. Der Hochofen bestand aus einem genieteten Stahlgestell, innen ausgemauert mit feuerfesten Steinen. Vom Boden aus führte außen ein Schrägaufzug nach oben an die Arbeitsbühne. Auf dem Schrägaufzug wurden die *Hunde* (siehe 3.8. Gerätschaften, die mit Tiernamen versehen wurden), in denen sich abwechselnd die Rohstoffe aus der Möllerung und der Koks befanden, hochgezogen und schichtweise durch die *Gicht* in den Hochofen entleert. Die genaue Reihenfolge und die Mengen der Rohstoffe errechneten die Ingenieure in den technischen Büros entsprechend den chemischen Zusammensetzungen der Rohmaterialien und der Sorten Roheisen, die produziert werden sollten. Die Gicht war der obere Abschluss des Hochofens und wurde mit einer hochziehbaren *Glocke* aus Metall abgeschlossen. Später gab es den *doppelten Gichtabschluss*, ein Patent von Dr. Neumark, um die Beschickung zu erleichtern und Unfallgefahren zu mindern. Heiße Luft aus den Winderhitzern wurde unten in den Hochofen eingeblasen. Dadurch brannte der Koks und erzeugte eine Temperatur von ca. 1.400 Grad Celsius, die für den Schmelzprozess des Eisenerzes zu Roheisen notwendig war. Das schwere flüssige Roheisen sank nach unten in eine Pfanne und wurde durch das

Abstichloch regelmäßig abgelassen. Die leichtere Schlacke schwamm auf dem flüssigen Roheisen, sie wurde seitlich gesondert abgeleitet. (Quellennachweis 16)

Modell Hochofen mit Schrägaufzug, darunter das Maschinenhaus, *11)

Der **Obermeister** gehörte zur Leitungsebene und war zuständig für den gesamten Ablauf des Hochofenprozesses von der Beschickung des Ofens bis kurz vor Ende des Schmelzprozesses im Ofen. Er stand in ständiger Abstimmung mit dem Obermeister der Gießhalle.

An der Gicht arbeiteten die **Gichter** mit dem 1. Gichter als für diesen Teil verantwortliche Aufsicht und dem 2. Gichter mit der Zuständigkeit für die Funktion des doppelten Gichtverschlusses (Gichtdeckel und Gichtglocke). Die gleichmäßige Verteilung des Materials in den Hochofen musste gewährleistet sein, viele verschiedene Messgeräte mussten dabei laufend beobachtet und bedient werden. Ständige Kontakte zu den Aufzugmaschinisten und Schmelzern waren notwendig. Insgesamt waren es vielschichtige Aufgaben mit großer Verantwortung.

Der **Aufzugsführer oder auch Aufzugmaschinist** bediente im Maschinenhäuschen unterhalb des Schrägaufzuges die Aufzüge für die Erz- und Kokswagen und die Wagen für die Zuschläge.

Die **Aufsetzer** am Schrägaufzug mussten die gefüllten Hunde richtig und sicher auf die Plattform der Aufzugwinde aufbringen.

Apparatewärter oder **Cowperwärter** (Cowper – Winderhitzer) hatten den Arbeitsplatz an den 3 Winderhitzern je Hochofen. Sie sorgten für die Erzeugung der heißen Luft, die über überdimensionale Rohre rund um den unteren Teil in den Hochofen eingeblasen wurde. Messwerte über die unten einzublasende Windluft, über die oben austretenden Abgase mit der Abgaszusammenstellung, über Kuppeltemperaturen an den Winderhitzer, über die zuzuführende Gasmenge in die Winderhitzer mussten beobachtet werden. Weiter musste der Winddruck im Hochofen ständig kontrolliert und geregelt werden. Der 1. und 2. Apparatewärter ergänzten sich und mussten eng mit den Gichtern und den Schmelzern zusammenarbeiten.

Die **Nieter** waren ständig im Einsatz, da es im ganzen Werk immer etwas auszubessern gab. Eine der sichersten und beständigsten Verbindung am Hochofenmantel war die Verwendung von Nieten.

Die **Nietenwärmer** leisteten die notwendigen Vorarbeiten, u.a. das Erhitzen der Nieten. Die Arbeiten wurden in allen Höhen des Hochofens durchgeführt, am obersten Ende ebenso wie am untersten Teil. Überall dort, wo Eisenstück verbunden und ausgebessert wurden, erfolgte das mittels Nieten. Erst als die Schweißverfahren verbessert und günstiger waren, wurden das Nieten dadurch abgelöst.

8.4 Arbeiten in der Gießhalle

Bis Anfang 1950er Jahre lief das flüssige Roheisen aus dem Abstichloch am unteren Ende des Hochofens in das vor jedem Abstich vorbereitete Sandbett, genannt *Masselbett*. Dort kühlte das Roheisen von 1200 auf 200/150 Grad Celsius ab und wurde nach der Aufbereitung dem Transport zugeführt, über die Eisenbahn oder per Schiff am Hafen. Die Gießhalle war überdacht, lediglich um Witterungseinwirkungen auf das Roheisen zu verhindern. (Quellennachweis 17)

Der **Obermeister** der Gießhalle gehörte ebenso zur Leitungsebene und gab vor Ort die Anweisungen der obersten Leitungsebene (Betriebsleiter) weiter und sorgte für deren Einhaltungen. Der Obermeister trug wie alle Obermeister einen Anzug. Statussymbol: Uhr an einer Uhrenkette.

Der **Schmelzmeister** und die **Schmelzer** arbeiteten direkt am *Ofengang* oberhalb des Abstichloches. Mit dem 1. und 2. Schmelzer wurde der Schmelzprozess im Hochofen durch Schaulöcher und anhand verschiedener Messgeräte beobachtet. Die Vorbereitung des Abstichs für das Roheisen und das Öffnen des Schlackenloches waren die vordringlichsten Aufgaben. Der Schmelzmeister war verantwortlich für die richtige Mischung von Rohstoffen für die Stopfmasse für die Abstichlöcher (Schamottemehl, Tonmehl, Kohle und Teer). Der 1. und 2. Schmelzer mussten während des Absticheses mit meterlangen Eisenstangen in den flüssigen Roheisenfluss *eingreifen*, damit das Roheisen fließgerecht direkt vom Abstich in das Masselbett einlief. Sonst bestand die Gefahr, dass das Masselbett nicht gleichmäßig gefüllt wurde.

Der **Stopfmassemischer** handelte auf Anweisung des Schmelzmeisters und war zuständig für die rechtzeitige Bereitstellung und richtige Zusammensetzung der Stopfmasse für die Abstichlöcher.

Die *1. + 2. + 3.* **Former** mussten auf das richtige Auffüllen aller Rinnen mit dem flüssigen Roheisen achten und notfalls eingreifen. Sie mussten Proben für das Labor nehmen. Nach dem Abstich mussten die Hauptrinnen von Eisenresten befreit werden. Die wichtigste Aufgabe war die Wiederherstellung des gesamten Masselbetts. Mit kantigen Hölzern wurde aus feinstem Spezialsand das immer wieder neu eingeebnete Masselbett geformt und damit für den nächsten Abstich vorbereitet. Dabei hatte der Sand noch eine Temperatur von ca. 150 Grad Celsius.

Der Einzige in der Gießhalle, der einen festen (isolierten) Arbeitsplatz hatte, war der **Kranführer**. Seine Aufgabe war der Transport aller schweren Stücke innerhalb der Gießhalle. Nach dem Erkalten wurden die *Roheisenbarren* mit dem am Kran hängenden *Greifer* aus dem Masselbett gehoben und aus großer Höhe fallengelassen, in der Hoffnung, dass beim Aufprallen die Roheisenbarren zerbrachen. Was nicht zerbrach musste auseinandergeschlagen werden. Die einzelnen Roheisenbarren sahen aus wie ein überdimensionaler Kamm.

Mehrere **Eisenbrecher** sorgten für das Zerlegen dieser nicht zerbrochenen Roheisenbacken, allein mit Muskelkraft. Das alleinige Werkzeug dazu war der 15 kg wiegende Hammer.

Die Masselgießmaschine

Durch die fortschreitende Technisierung wurde das Masselbett in den 1950er Jahren durch eine *Masselgießmaschine* ersetzt. Arbeiten änderten sich bzw. verschwanden: Schmelzer, Former, Eisenbrecher und Masselverlader. Das flüssige Roheisen floss in *Kokillen,* kühlte auf dem Weg zur Verladung ab und wurde ohne Handanlegen mechanisch verladen. Leichter und ungefährlicher wurde die Arbeit insgesamt dadurch nicht, nur rationeller, damit schneller und billiger.

Der Schlackenabstich

Am etwas höher liegenden *Schlackenabstichloch* des Hochofens gab es zwei Arbeitsfelder. Die Schlacke floss in spezielle Granulierwagen mit kippbaren runden Bottichen. Auf Schienen transportierte man die heiße, teilweise noch flüssige Schlacke zum Zementwerk, überflüssige Schlacke landete auf der *Schlackenhalde,* die Richtung Osten neben dem eigentlichen Betriebsgelände direkt an der Trave lag. Die Schlacke wurde dort aus den riesigen Bottichen auf den Boden gekippt, dabei flossen nicht unerhebliche Mengen auch einfach in die Trave.

Der **Rampenmann** musste nach dem Schlackenabstich die ausfließende heiße Schlacke mit möglichst wenig Wasser abkühlen und diese somit an der Oberfläche zum Granulieren bringen.

Der **Granulierer** überwachte das Befüllen der Granulierwagen mit der noch heißen flüssigen Schlacke zum Abtransport.

Alle Berufsgruppen arbeiteten eng zusammen und waren dem Nächsthöheren direkt unterstellt. Die Arbeitsbedingungen waren furchtbar: Staub, Hitze, kein Schutz vor Witterungseinflüssen, gleich ob Sommer oder Winter. Es gab kaum Schutzkleidung, die vom Betrieb erst gestellt wurde, als diese erst überhaupt vorhanden war. Unfälle durch Verbrennungen und Knochenbrüche geschahen ständig, leider auch Unfälle mit tödlichem Ausgang.

8.5 Arbeiten in der Möllerung

Die Lagerung, Aufbereitung und Zusammenstellung des *Beschickungsgutes* erfolgten in offenen Hallen am Hafen. Die Erze, der in der Kokerei erzeugte Koks und die Zuschläge wurden in den notwendigen Mengen in den *Hunden* auf Schienen zu den Schrägaufzügen transportiert, in der Reihenfolge zum Befüllen der Hochöfen laut einer ausgehängten Möllertafel. Die Zuschläge waren Kalk und Quarzsand, Mengen je nach Beschaffenheit des Erzes und sollten die Schadstoffe wie Schwefel und Phosphor während des Schmelzprozesses binden. (Quellennachweis 18)

Der **Mölleraufseher** hatte die Oberaufsicht in der Möllerung. Ihm wurde mitgeteilt, in welchem Verhältnis Erz, Koks und Zuschläge dem Hochofen zugeführt werden sollten, er trug dieses auf der für alle sichtbare *Möllertafel* ein. Er wachte über die Einhaltung und teilte alle Arbeiter ein, die in der Möllerung arbeiteten, damit die Beschickung des Hochofens so erfolgte wie von oben vorgegeben war. Ein ständiger enger Kontakt bestand untereinander, jeder war auf jeden angewiesen.

Die **Erzlader** befüllten die Hunde mit Eisenerz.

Der **Schrottlader** befüllte die Hunde, wenn neben Erzen auch Eisenschrott eingesetzt wurde.

Der 1. **Verwieger** und sein Gehilfe, der 2. Verwieger, stellten auf der Waage das genaue Füllgewicht fest. Nichts wurde dem Zufall überlassen.

Der **Trecker- oder Schlepperfahrer** sorgte dafür, dass die zusammengekoppelten Loren bzw. Hunde zum jeweiligen Hochofen gefahren wurden.

Der **Wagenkuppler** entkuppelte alle Loren bzw. Hunde, bevor sie von den Aufsetzern auf die Plattform der Aufzugwinde gesetzt wurden.

Der **Maschinist**, auch **Aufzugführer** genannt, bediente im Maschinenraum an der Aufzugwinde den Schrägaufzug, die Loren bzw. Hunde fuhren hoch zur Arbeitsplattform an der Gicht. Die Kontakte liefen hier nur über akustische Signale.

Alle Arbeiter, die direkt an der Möllerung arbeiteten, wurden der Einfachheit halber schlichtweg **Möllerarbeiter** genannt.

8.6 Arbeiten in der Kokerei

Vom Kohlenkai im Hafen wurde die Steinkohle in Loren zu den Koksbatterien der Kokerei transportiert und von oben in die einzelnen Kammern gefüllt, wo die Kohle unter hermetischem Sauerstoffabschluss zum Glühen gebracht wurde. Nach dem *Durchglühprozess* von etwa 33 Stunden bei ca. 1.200 Grad Celsius wurden nacheinander die einzelnen Kammern geöffnet und der Koks mit einer schweren fahrbaren Ausstoßmaschine auf der anderen Seite der Koksbatterien herausgedrückt. Die Arbeit an der Kokerei war körperlich anstrengend und barg durch die starke Hitze, den Kohlenstaub, die Abgase und den ständig wechselnden Witterungseinflüssen gesundheitliche Gefahren für die Arbeiter. Viele liefen sich wegen der starken körperlichen

Schweißentwicklung einem schmerzhaften *Wolf* zwischen den Beinen. Die beim Durchglühprozess entweichenden gasförmigen Nebenstoffe (Teer, Pech, Benzol, Naphthalin, Ammoniak) wurden abgesaugt und in der Nebenproduktanlage aufgearbeitet. Das nun verbleibende Kokereigas wurde ebenso aufbereitet und in die städtische Gasversorgung eingespeist. (Quellennachweis 19)

Die **Füller** mussten die Kohle von oben in die noch heißen Kammern füllen. Ein Auskühlen hätte die Wände der Kammern reißen lassen.

Die **Türenverkleber** verschlossen die einzelnen Kammern von beiden Seiten mit *fettem Lehm*, sodass keine Luft in die Kammern eindringen konnte. Lehm ist eine Zusammensetzung aus Sand, Schluff und Ton, wobei die Bezeichnungen allein durch die jeweilige Korngröße bestimmt werden. Ton hat die feinste Korngröße, bei einem hohen Anteil von Ton spricht man von fettem Lehm.

Die **Koksreißer** mussten mit zweimeterlangen schweren Eisenstangen die einzelnen glühenden Koksblöcke auseinanderreißen.

Andere **Kokereiarbeiter** richteten dicke Schläuche, ähnlich denen der Feuerwehr, sofort auf den ausgestoßenen glühende Koks, um mit dem harten Wasserstrahl so lange den Koks zu löschen, bis keine Verbrennung mehr erfolgen konnte. Eine Oxidation im Koks hätte eine mindere Qualität zur Folge gehabt und damit einen im Hochofen nicht erwünschten niedrigeren Heizwert bewirkt.

Arbeiter bedienten die *Gassaugeranlagen auf den Koksbattetien.*

Die **Nebenproduktanlage** war der Kokerei angegliedert, dort wurden die Produkte aus dem Kokereigas aufgearbeitet. Alle, die dort arbeiteten, hatten keine speziellen Bezeichnungen. Sie waren alle Arbeiter.

8.7 Arbeiten in Hauptwerkstatt, Werkzeugmacherei und Maschinenhaus

In der Hauptwerkstatt wurde an großen Maschinen gearbeitet, diese wurden anfangs mit Dampfturbinen angetrieben, später mit Gas und Strom. Angegliedert war die Lokomotivwerkstatt, in der die Lokomotiven gewartet und wieder instandgesetzt wurden. (Quellennachweis 20)

Der **Obermeister** stand hier allen vor. Er war der Einzige, der sich im Anzug, mit Schlips und Kragen, in den Hallen bewegte und die Arbeit nach den Vorgaben der Betriebsleitungen einteilte und überwachte.

Vorarbeiter waren all die beruflich qualifizierten Facharbeiter, die als Bindeglied zwischen dem Obermeister und den Facharbeitern und Gesellen standen.

Dreher, Schlosser, Sattler, Tischler, Bohrer, Werkzeugmacher und Werkzeugschmiede waren notwendig, um alle im Werk anfallenden Reparaturen und Arbeitsaufträge ausführen zu können. Facharbeiter hatten schon damals jeweils mit einer Berufsausbildung im Status von Gesellen gearbeitet.

Schweißer brauchten schon immer besondere Befähigungen, die mit speziellen Zertifikaten für die unterschiedlichen Schweißverfahren nachgewiesen sein mussten.

Der **Schmied** ist der älteste Handwerksberuf, seit Metalle und Legierungen bearbeitet wurden. Sie waren hochangesehen wegen ihrer

Fähigkeiten, Metalle zu Waffen und gebrauchsfähigen Gegenständen entstehen zu lassen bis hin zu künstlerischen Objekten mit Verzierungen. Große Werkstücke wurden mit dem dampfbetriebenen Schmiedehammer bearbeitet.

Der Beruf des **Feinmechanikers** entwickelte sich aus der Fabrikation der mechanischen Uhren, also ein alter Handwerksberuf.

Schmied und Feinmechaniker sind Berufe, die bei der Handwerkskammer angesiedelt waren und heute noch sind, da sie von der jahrhundertelangen Tradition her dem Handwerk schon immer zugeordnet waren.

Hilfsarbeiter arbeiteten den Facharbeitern und Vorarbeitern zu, sie besaßen meist keine berufliche Ausbildung.

Werkzeugmacher reparierten defekte Werkzeuge, machten sie wieder funktionsfähig oder stellten nach den Vorgaben der Meister neue benötigte Werkzeuge her.

Arbeiter mussten mit wenigen Handgriffen komplizierte Maschinen vom Maschinenhaus steuern können. Besonders handelte es sich um *Gasdynamomaschinen* und *Gebläsemaschinen* für die Hochöfen oder für die Dampfmaschinen. *Gleichstromdynamos* versorgten die Beleuchtungsanlagen und Dampfkesselanlagen mit elektrischen Strom. Diese Anlagen waren verstreut im gesamten Betrieb anzutreffen. Eine andere Benennung für die Arbeiter gab es hier nicht.

8.8 Arbeiten am Hafen und im Transportwesen

Güter, Material, Werkzeuge und Maschinen mussten über das gesamte Gelände hin und her transportiert werden. Da dieses fast nur über Schienen erfolgte, gab es ein Gleissystem wie auf einem Rangiergelände. Auf dem Plan auf der Seite 21 ist zu erkennen, dass es keine Straßen gab: die Wege waren die Gleise. Eine restliche Gleisstrecke mit Anschluss an das Gleisnetz der Bahn im Osten und Norden des Geländes ist noch vorhanden und z.Z. noch betriebsbereit. Einhaltung der Zeitpläne und Beschickung mussten gewährleistet sein. Die Anweisungen erfolgten durch die jeweiligen Meister, die sich wiederum absprechen mussten. Stellwerke und Signalgeber gab es nicht. Spezielle Berufsbezeichnungen im Transportbereich gab es immer dann, wenn neu entwickelte Transportmaschinen eingesetzt wurden, wie z.B. *Hydrocarfahrer*, hier wurden ab den 1960er Jahren vereinzelt auch Frauen eingesetzt. Mit der Neuordnung des Geländes nach Konkurs und Abriss und mit der Umwidmung zum Gewerbegebiet Herrenwyk wurden neue *private Straßen mit öffentlicher Nutzung* angelegt. (Quellennachweis 21)

Lokführer, die die Züge von *A* nach *B* bewegten, mit allen dazugehörenden Nebenarbeiten auf den Loks (Dampflok, später Diesellok)

Werkseisenbahner stellten hauptsächlich die Weichen und mussten anfallende Streckenarbeiten erledigen, alle Anweisungen wurden mündlich erteilt.

Kranführer waren eingesetzt in großen Hallen, am Hafen und auf dem gesamten Gelände, überall dort, wo schwere Lasten bewegt werden mussten.

Masselverlader hatten die Roheisen-Masseln, die vorher von den Greifern in der Gießhalle und bzw. von den Eisenbrechern zerkleinert worden waren, auf die Hunde und dann auf die Eisenbahnwaggons zu verladen. Die Masseln hatten ein Gewicht von ca. 1 Zentner.

8.9 Arbeiten in der Kupferhütte und der Zinkoxydanlage

In der chemischen Industrie wurde aus abgebautem Schwefelkies die begehrte Schwefelsäure gewonnen. Die Rückstände, genannt Schwefelkiesabbrände, enthielten überwiegend Eisen, Kupfer und Zink. Wegen des hohen Eisenanteils kaufte man diese Abbrände auf und trennte das Eisen als Rohmaterial für die Roheisengewinnung heraus. Die dabei verbleibenden Restbeständen aus Kupfer und Zink wurden nacheinander in großen Mengen herausgeholt. Das Kupfer wurde in großen Laugenbottichen mit einem elektrolytischen Verfahren gewonnen und als Industriekupfer verkauft. Das in der restlichen Lösung enthaltene Zink wurde nass-chemisch durch Ausfällung als Zinkhydroxid gewonnen und weiterverkauft. Die Arbeiter unterlagen in beiden Anlagen extremen gesundheitlichen Gefährdungen. Besonders der Elektrolyseprozess in der Kupferanlage verursachte aggressive, chemische ätzende Dämpfe, die unter anderem die Lungen zerfraßen. Ein hohes Alter konnten diese Arbeiter in der Regel nicht erreichen, zu schwer waren die Lungenschäden, die Ursachen wurden verschwiegen.

Alle dort Tätigen wurden nur **Arbeiter** genannt. Die Leitung hatte ein **Diplom-Ingenieur**, Vertretung war natürlich ein **Meister**. (Quellennachweis 22)

8.10 Arbeiten in Zement-, Betonwaren- und Schlackensteinfabrik

Die Schlacke, die durch die Gewinnung des Roheisens entstand, war im Grunde ein Abfallprodukt im Hochofenbetrieb, das hier in der Zementfabrik in riesigen Drehöfen zu hochwertigen Zementen verarbeitet wurde. Der Zement ging in den Verkauf. Zusätzlich wurden aus den Zementen diverse Betonwaren wie Gehwegplatten, Dachziegeln, Betonringe und -röhren produziert und verkauft. Beliebt, da billiger als Ziegelsteine, waren die aus der Schlacke hergestellten Schlackensteine zum Bauen. Der ständige vorhandene Zementstaub verletzte die Haut, die Augen und die Schleimhäute, besonders die Lunge wurde nachhaltig geschädigt. (Quellennachweis 23)

Alle, die dort arbeiteten, waren schlicht **Arbeiter**, ohne nähere Bezeichnungen. Die **Betriebsleitungen** und die **Meister** waren wie üblich die Vorgesetzten.

Eine Besonderheit: später wurden hier **Eisenbetonflechter** in der Betonwarenfabrik eingesetzt, um nach einem aufwendigen Verfahren Strommasten herzustellen. Sie waren nicht im Hochofenwerk ausgebildet und gehörten nicht zu den Beschäftigten des Hochofenwerks. Eisenflechter werden heute als hochqualifizierte Arbeiter im Stahlbetonbau eingesetzt.

8.11 Arbeiten ohne Ausbildung / Vorbildung

Pförtner oder Portier besetzten im Schichtsystem das Werkstor. Ein- und Ausgangskontrollen der Arbeiter erfolgten über die Arbeitsmarken, später Stempeluhren. Manchmal wurden auch Taschenkontrollen durchgeführt.

Angestellte wie die Laboranten, die das Werkstor passieren mussten, weil das Labor auf dem Gelände stand, wurden nicht kontrolliert(!).

Einige Arbeiter wurden zusätzlich in der Funktion als **Werkswache** eingesetzt.

Für die betriebseigene **Werksfeuerwehr** wurden Arbeiter ausgebildet und neben ihrer eigentlichen Arbeit bei Bedarf einsetzt.

8.12 Arbeiten im Hauptlabor und den dezentralen Laboren

In den Laboren wurden alle ein- und ausgehenden Stoffe chemisch untersucht, ebenso diverse Zwischenprodukte. Man machte einen Unterschied zwischen dem Hauptlabor und einigen wenigen kleineren dezentralen Laboren, die jeweils einem bestimmten Betriebsteil zugeordnet waren. Mit dem Neubau des Hauptlabors 1961/62 wurden die dezentralen Labore aufgegeben. (Quellennachweis 24)

Ein **Diplom-Ingenieur** mit entsprechendem Universitätsstudium hatte die Leitung des Hauptlabors.

Der **Cheflaborant** war die rechte Hand des Leiters, entsprechend der Meisterebene im gesamten Betrieb. Er machte die abschließenden Analysen für die eingegangenen Eisenerze und das ausgehende Roheisen. Bei den riesigen Mengen machte sich ein prozentualer Unterschied von zwei Stellen hinter dem Komma gleich finanziell in großen Summen bemerkbar. Vertragspartner machten ihre eigenen Untersuchungen. Die Ergebnisse mussten übereinstimmen und waren Grundlage für die Verträge.

Laboranten wurden anfangs betrieblich im sog. *Laborantengewerbe* ausgebildet, mit der Schaffung des Berufsbildungsgesetzes war die Ausbildung der Chemielaboranten nach dem dualen System angelegt und die Prüfung wurde von der Industrie- und Handelskammer abgelegt. Nach dem 2.Weltkrieg fanden ausgebildete Chemielaborantinnen hier einen Arbeitsplatz.

Laboratoriumsgehilfen, angelernt und ohne Abschluss, arbeiteten im Schichtdienst an einfachen und ständig wiederkehrenden Laborarbeiten. Sie wurden eingesetzt z.B. im Kokereilabor oder im Labor der Ammoniakfabrik (Teil der Nebenproduktanlage), nach Auflösung der dezentralen Labore nur noch im Hauptlabor. Kurz nach jedem Roheisenabstich wurden Roheisenproben entnommen und untersucht. Diese Zwischenergebnisse waren notwendig, um eventuell die Beschickung des Hochofens korrigieren zu können. Im Gegensatz zu den weiß gekleideten Laboranten trugen Laboratoriumsgehilfen graue Kittel (Warum?).

9 Arbeiten, die von Frauen ausgeführt wurden

Überall in der Schwerindustrie waren Frauen damals selten vertreten, sie hatten in der Männerwelt einen schweren Stand. Das hat sich bis heute nicht grundlegend geändert. Frauen wurden anfangs nur wenig im Werk beschäftigt, mit verschiedenen einfachen und wiederkehrenden Tätigkeiten betraut und waren jederzeit auswechselbar. An den 1960er Jahren, wurden Frauen als Schleiferinnen, Kranführerinnen oder Hydrocarfahrerinnen eingesetzt. Ob sie dann in der Funktion benannt wurden oder nur als Arbeiterinnen, ist nicht bekannt.

In dem Buch *Frauenerwerbsarbeit in der Industrie – ausgehend vom Hochofenwerk Lübeck* ist die Frauenerwerbsarbeit ausführlich beschrieben, Autorin Helga Martens, Hrsg. Verein für Lübecker Industrie- und Arbeiterkultur e.V., 2020, zu beziehen im Industriemuseum Geschichtswerkstatt Herrenwyk, Lübeck.

Frauen nähten als **Arbeiterinnen** in der Zementfabrik anfangs Zementsäcke aus groben Stoffen an großen Industrienähmaschinen (Frauen können ja schließlich von Natur aus nähen!) und später wurden aus starkem, grobem und reißfestem Papier die Zementsäcke von Frauen geklebt.

Ankerwicklerinnen waren in der Elektrowerkstatt tätig, wurden aber nicht als solche benannt. Wenn mehr benötigt wurden, wurden die Reinmachefrauen von ihren Arbeiten abgezogen.

Reinmachefrauen reinigten u.a. die Verwaltungs- und Büroräume, auch die Reinigung der zum Werk gehörenden Unterkünfte in den Junggesellenbaracken gehörte zu ihren Arbeitsfeldern .

(Quellennachweis 25)

10 Gerätschaften hatten vielfach Tiernamen

Allgemein in der Industrie:

Bär	Block zum Eintreiben von Pfählen (Rammbär) oder der Hammerklotz bei Dampfhämmern
Eidechse	Elektrokarre mit Anhängern
Fuchs	Übergangsstück von der Feuerung zum Kamin, in der Gießhalle Sperrblech zur Umleitung des flüssigen Roheisens im Masselbett
Katze / Laufkatze	Kleiner Wagen des Brückenkranes, der die Winde zum Heben und Senken der Lasten enthält. Am Hochofen die Plattform am Schrägaufzug zum Aufsetzen der Loren
Krähenfuß	Brecheisen
Muli	Gabelstapler
Widder	Hydraulischer Widder, Stoßheber zur Wasserförderung

Tiernamen, die nur auf dem Hochofenwerk Lübeck verwendet wurden:

Elefant	Die auf den Koksbatterien III und IV eingesetzten Koksverladeschaufeln (die Bezeichnung geriet nach dem Krieg 1945 in Vergessenheit)
Esel, Koksesel	War die Elektrozugmaschine, die die mit Koks gefüllten Wagen von der Kokerei zur Möllerung gezogen hat. Der Fahrer war der „*Eselkutscher*“
Frosch	Aufhängeanordnung im Klammergriff für die Wagen der Transportseilbahn

Hunde	Wagen, die die Erze und Zuschläge von der Möllerung über den Schrägaufzug auf die Gicht brachten. Im Bergbau wurden so auch die Kohletransportwagen genannt
Kamel	Zwei zusammenhängende Elektrowagen mit Selbstentleerung. Diese Wagen transportierten die Kohle vom Hafen zur Kohlenmühle bzw. zum Kohlenturm, die Lagerstätten für die Kohle, bevor sie zur Kokerei gebracht wurde.

(Quellennachweis 26)

11 Lohnstruktur im Betrieb

Wie auch die Anweisungs- und Arbeitsstruktur war die Lohnstruktur stark von oben nach unten gegliedert. Erst als die Gewerkschaften ab den 1950er Jahren immer mehr Lohn- und Gehaltstarifverträge aushandelten, wurde nach der Art der Arbeit im Rahmen des Tarifgefüges nach Lohngruppen entlohnt. Dazu kamen tarifvertraglich vereinbarte Zuschläge für bestimmte Arbeiten und für Schichtarbeit. Für das Hochofenwerk war die Industriegewerkschaft Metall (IGM) mit ihren bezirklichen und bundeseinheitlichen Tarifverträgen zuständig. Unter den Angestellten spielte in der Schwerindustrie die Deutsche Angestelltengewerkschaft (DAG) zwar eine, aber vielfach keine entscheidende Rolle.

Die Hierarchie des Einkommens sah wie folgt aus:

Im Verwaltungs- und technischen Bereich:

1. Generaldirektor Dr. Neumark und nach 1934 die leitenden Direktoren
2. Direktoren / Diplom-Ingenieure mit Hochschulstudium, sie würden heute den leitenden Angestellten gleichgesetzt werden. Damals wurden sie entsprechend dem Militär als *Beamte* benannt, die Dienstgrade glichen denen beim Militär. Es gab keinen Beamtenstatus, da der nur für den Öffentlichen Dienst gilt.
3. Leitende Sachbearbeitung in der Verwaltung
4. Büroangestellte wie Sekretärinnen, Buchhaltung, Personalbearbeitung, Kasse u.a.
5. An unterster Stelle standen die Schreibkräfte, Telefonistinnen und Datentypistinnen bzw. Datenerfasserinnen, Handlangerinnen.

Auf der betrieblichen Ebene:

1. Meister, Betriebsmeister mit technischer Ausbildung
2. Stellvertretende Meister
3. Gichter, Schmelzer u.a. waren keine Berufe im eigentlichen Sinne, heute würde man die Bezeichnung Facharbeiter verwenden
4. Darunter standen besonders lohnmäßig die Funktion Eisenbrecher, Erzlader und Koksarbeiter u.ä.
5. Handwerker mit abgeschlossener Berufsausbildung
6. Angelernte und ungelernte Arbeiter
7. Platzarbeiter, niedere Arbeiten wie *Hof fegen* und Handlangerarbeiten
8. An letzter Stelle standen die Frauen im Betrieb, vergleichbar mit den Frauen im Büro.

Trotzdem wurde die *Büroarbeit* gefühlsmäßig höher angesehen, obwohl auch sie an der letzten Stelle der Hierarche in der Verwaltung standen.

12 Nachbetrachtung

Das 1905 gegründete Hochofenwerk Lübeck meldete als Metallhüttenwerk AG Lübeck 1981 Konkurs an. Das Werk, das zeitweise bis zu 3.000 Menschen beschäftigte, hatte eine bewegte Geschichte durchlaufen. Das Auf und Ab wurde u.a. hervorgerufen durch die beiden Weltkriege, die Einflüsse des Nationalsozialismus, Weltwirtschaftskrisen, unternehmerisches Handeln und durch technische Entwicklungen.

Besonders die beiden Kriege setzten den dort arbeitenden Menschen und ihren Familien gewaltig zu. Im 1. Weltkrieg wurden die eingezogenen Männer durch Frauen aus der Gegend und Kriegsgefangene ersetzt. Im 2. Weltkrieg mussten hunderte Zwangsarbeiter unter menschenverachtenden Bedingungen arbeiten und vegetierten abgeschirmt von der Bevölkerung in erbärmlichen Holzbaracken. Von *Leben* im eigentlichen Sinne konnte nicht die Rede sein.

Durch die nach dem 2. Weltkrieg fließenden Mittel aus dem Marshall-Plan der USA und dem aufkommenden Wirtschaftswunder der 1950/60er Jahre waren Roheisen und Zement gefragte Rohstoffe. Mit dem Einsatz der Masselgießmaschinen an den Hochöfen fielen nach dem Krieg einige qualifizierte Arbeiten weg. Durch fragwürdiges Unternehmerhandeln des Flick-Konzerns, der durch die Arisierung der Nationalsozialisten billig zum neuen Eigentümer werden konnte, wurden Gewinne aus dem Betrieb herausgezogen und nicht in die Zukunft des Betriebes investiert. Dazu kam die weltweite Wirtschaftskrise in der Schwerindustrie, alles zusammen führte zum Niedergang des Hochofenwerkes und schließlich zum Konkurs. Einige Jahre wurde die Kokerei als *Neue Metallhütte Lübeck* weitergeführt, denn der Koks wurde zur Stromgewinnung weiterhin in Lübeck benötigt. Doch waren die

Kokerei und die beiden Nordwestdeutschen Kraftwerke Herrenwyk und Siems wahre *Dreckschleudern.* Aspekte des aufkommenden Umweltschutzes wurden meist ignoriert. Schließlich erfolgte auch für die Kokerei die Schließung, nach außen nur wegen Unrentabilität. Der eigentliche Grund für die Schließung der Kokerei bestand in der ständige Explosionsgefahr, die von der Kokerei ausging, die Behörden legten schließlich den Betrieb still.

Und wer hatte die Folgen des unternehmerischen Handelns wirklich zu verkraften?

In erster Linie waren es die Arbeiter mit ihren Familien. Die massive Arbeitslosigkeit weitete sich zu einem Trauma, besonders in der Region Kücknitz, aber auch auf ganz Lübeck aus. Aufgefangen werden konnte die Arbeitslosigkeit nicht. Es erfolgte ein zwielichtiger Verkauf durch den Flickkonzern an den US Steel-Konzern für 30 Millionen DM. Der desolate Zustand des Werkes war wohl bei Vertragsabschluss nicht abzusehen und man befürchtete, bei einer Stilllegung hohe Folgekosten leisten zu müssen. So wurde das Werk schließlich seitens der US-Steel verkauft, neuer Käufer war ein bislang unbekannter Rechtsanwalt aus Wuppertal, Verkaufspreis 1 Dollar (damals ca. 2 DM). Der Vorgang wurde vom Rechtsanwalt als Spekulationsobjekt angesehen, ein Weiterverkauf scheiterte, der Rechtsanwalt galt als unbekannt verzogen. Somit gab es keinen gültigen Rechtsnachfolger für das Werk. Zwar handelte der Betriebsrat mit dem Konkursverwalter einen Sozialplan aus, doch niemand von den Beschäftigten hat je Geld aus dem Sozialplan erhalten. Also waren es die ehemaligen Arbeiter und Angestellten mit ihren Familien, die als erste unter den Folgen zu leiden hatten. Es ist immer wieder bitter zu sehen, wie die, die sich bereichert und spekuliert haben, die

Gewinne für sich nutzen konnten auf Kosten derer, die die schwere Arbeit leisten mussten: Der Flick-Konzern war der Gewinner, die US-Steel kam glimpflich aus dem Deal heraus und ein ominöser Rechtsanwalt kam ohne Schaden davon. Die Menschen am Ende der Kette und die Familien zahlten letztendlich die Zeche.

Die Hansestadt Lübeck konnte während des Betriebes jahrzehntelang nicht unerhebliche Gewerbesteuereinnahmen verbuchen. Die Stilllegungen dieser und weiterer Großbetriebe in Lübeck, wie die Flender Werft, die LAG bzw. O&K und vieler anderer Firmen führten zu großen Verlusten von Steuergeldern, Gelder, die für Investitionen und Sozialausgaben dringend benötigt wurden. Schließlich wurden die Steuerzahler in der Stadt Lübeck und im Land Schleswig-Holstein zur Kasse gebeten. Denn das stark konterminierte Werksgelände musste saniert werden für weitere Nutzungen. Nach dem Abriss wurde ein Meter Bodenschicht abgetragen und mit verschiedenen Kiesen aufgefüllt. So entstand eine plane Fläche mit Privatstraßen mit öffentlicher Nutzung. Diese Kosten hatte auch hier der Steuerzahler zu tragen. Das Gelände wurde nach und nach vermarktet, sprich verkauft, um die Sanierungskosten etwas zu minimieren. Es siedelten sich Firmen unterschiedlichster Art an, doch alle arbeiteten mit wenigen Beschäftigten.

Das weitaus größere Problem war die ehemalige Schlackenhalde, auf der nun zusätzlich zur vorhandenen Schlacke der abgetragene konterminierte Boden des Werksgeländes abgelagert wurde. Die gesamte Schlackenhalde musste aufwendig zum Wasser der Trave und den angrenzenden landwirtschaftlich genutzten Flächen hin abgesichert werden und wird noch viele Jahrzehnte, wenn nicht sogar ohne Ende ständig kontrolliert werden müssen. Wie sich der Klimawandel mit steigendem Wasserspiegel auswirken wird, ist der

Öffentlichkeit nicht bekannt. Sollten Auswirkungen entstehen, müssen die Kosten wiederum von der Stadt und dem Land getragen werden, also werden wieder die Steuerzahler zur Kasse gebeten. Die Verursacher werden nie zur Rechenschaft gezogen werden.

Heute laden Wege auf der ehemaligen Schlackenhalde, dem nun benannten *Metallhüttenpark* zu einem Spaziergang ein. So wirbt selbst die Stadt auf einem Fahrradplan mit dem Begriff *Naturerlebnispark,* der giftige Untergrund wird nicht erwähnt. Die wenigsten Menschen können sich erklären, was die Rohre und Schächte, die überall aus dem Boden ragen, zu bedeuten haben.

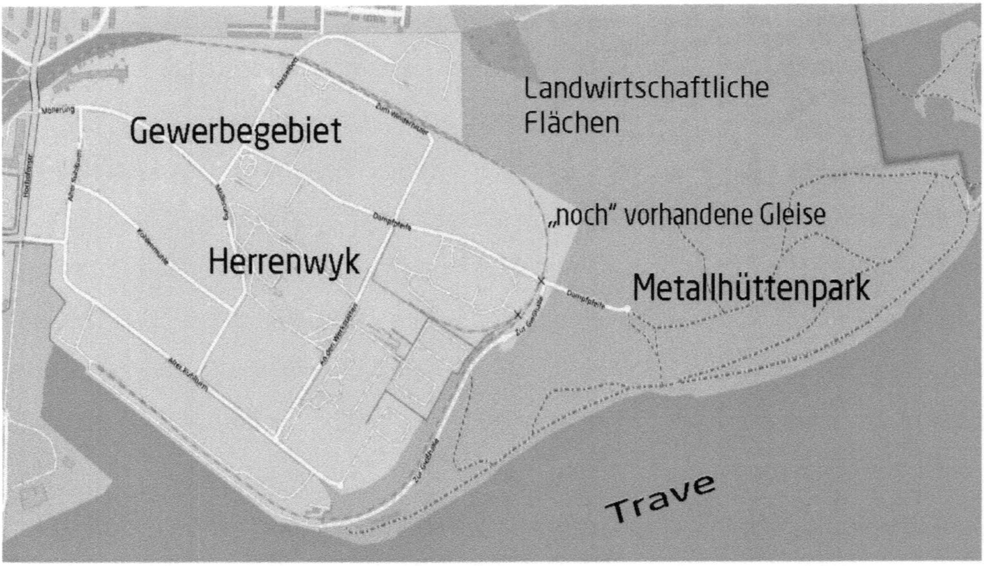

Plan heute vom Gewerbegebiet u. Metallhüttenpark an der Trave, *12)

Ein weiteres bitteres Fazit entspricht der Entwicklung in der heutigen Gesellschaft. Vielfach wissen neue Hausbesitzer:innen in der Werkssiedlung nicht um die Existenz des damaligen Hochofenwerks, damit auch nicht von der Schwere der damaligen Arbeit, von der Umweltbelastung durch das Werk. Sie wissen wenig von Nachbarschaft, Solidarität und dem früheren Leben in den

Häusern, in denen sie heute wohnen. Von der damals gelebten Solidarität in der Werkssiedlung ist nichts mehr zu spüren. Nur die wenigen Alteingesessenen und vielleicht deren Kinder wissen noch darum. Es ist eine Entwicklung, die traurig und nachdenklich stimmt. Dabei haben doch gerade die Arbeiter in den 1950er Jahren zum Wirtschaftswunder beigetragen und wurden dennoch mit Arbeitslosigkeit *bestraft*. Es gibt leider etliche Bewohner:innen, die nicht realisiert haben, dass in der unmittelbaren Nachbarschaft in der Werkssiedlung, quasi direkt vor der Haustür ein Industriemuseum die nahe Vergangenheit aufzeigt.

Werkstor heute, damals einziger Zugang zum Werksgelände, in der Mitte das Pförtnerhäuschen, rechts Betriebsratsbüro im Verwaltungsgebäudes, *13)

13. Literaturverzeichnis

1. Leben und Arbeit in Herrenwyk, Lübecker Industriekultur, Autorengruppe: Erich Bornhöft, Jenns E. Howoldt, Otto Kastorff, Hans-Hermann Schmieder, Hanna Schuldt, Werner Sommer, Wilhelm Städing, Rolf Warnecke, Thomas Winkler, Sylvia Zander, Hrsg. Museum für Kunst und Kulturgeschichte der Hansestadt Lübeck, Lübeck, 1985
2. Leben und Arbeit in Herrenwyk, Lübecker Industriekultur, Dr. Wolfgang Muth, Hrsg. Verein für Lübecker Industrie- und Arbeiterkultur e.V., 2014
3. Metallhüttenwerke Lübeck, 50 Jahre Hüttenarbeit an der Trave, Hrsg. Metallhüttenwerke Lübeck, 1955
4. Kittner Arbeits- und Sozialordnung, 46. Auflage, Hrsg. BUND Verlag, Frankfurt am Main, 2021
5. Themenpapier "Geschichte der Eisenhüttentechnik", Stahlinstitut VDEh , https://www.stahl-online.de, Zugriff 08.04.2022
6. Eisenerzeugung und -verarbeitung im Spiegel der Geschichte, Alte Kamin-,Taken- und Ofenplatten - Sammlung Kremer im Saarland - https://www.kaminplattensammlung-kremer.de, Zugriff 08.04.2022
7. Meyers Großes Handlexikon, Hrsg. Meyers Lexikonredaktion, 16. Auflage, Meyers, Lexikonverlag, Mannheim, 1991

14 Quelleverzeichnis

Quellennachweis 1 - Meyers Großes Handlexikon, Deutscher Bauernkrieg

Quellennachweis 2 - Leben und Arbeit in Herrenwyk 1986, Seite 14

Quellennachweis 3 - Leben und Arbeit in Herrenwyk 1986, Seite 17

Quellennachweis 4 - Kittner, Arbeits- und Sozialordnung, 2021, Grundgesetzes (GG), Artikel 12

Quellennachweis 5 - Kittner, Arbeits- und Sozialordnung, 2021, Bürgerliches Gesetzbuch (BGB), Regelung zu Haushaltsführung und Erwerbstätigkeit

Quellennachweis 6 - Kittner, Arbeits- und Sozialordnung, 2021, Gewerbeordnung (GewO)

Quellennachweis 7 - Gesetz zur Ordnung des Handwerks (Handwerksordnung) und Internetauftritt aller Handwerkskammern. Das Handwerk in Deutschland, https://www.handwerkskammer.de, Zugriff 10.04.2022

Quellennachweis 8 - IHK-Industrie- und Handwerkskammern, https://www.ihk.de, Zugriff 10.04.2022 in Verbindung mit dem Gesetz zur vorläufigen Regelung des Rechts der Industrie- und Handelskammern

Quellennachweis 9 - Stahlinstitut VDEh, https://vdeh.de, Zugriff 25.04.2022

Quellennachweis 10 - Kittner, Arbeits- und Sozialordnung, 2021, Grundgesetz (GG) Artikel 9 - Koalitionsfreiheit

Quellennachweis 11 - Leben und Arbeit in Herrenwyk, 1986, Seite 236

Quellennachweis 12 - Leben und Arbeit in Herrenwyk, 1986, Seite 242

Quellennachweis 13 - Leben und Arbeit in Herrenwyk, 1986, Seite 247

Quellennachweis 14 - Leben und Arbeit in Herrenwyk, 1986, Seite 165

Quellennachweis 15 - Leben und Arbeit in Herrenwyk, 1986, Seite 160

Quellennachweis 16 - Leben und Arbeit in Herrenwyk, 1986, Seite 169

Quellennachweis 17- Leben und Arbeit in Herrenwyk, 1986, Seite 170

Quellennachweis 18- Leben und Arbeit in Herrenwyk, 1986, Seite 265

Quellennachweis 19- Leben und Arbeit in Herrenwyk, 1986, Seite 180

Quellennachweis 20- Leben und Arbeit in Herrenwyk, 1986, Seiten 192 und 202

Quellennachweis 21- Leben und Arbeit in Herrenwyk, 1986, Seite 212

Quellennachweis 22 - Leben und Arbeit in Herrenwyk, 2014, Seite 80

Quellennachweis 23- Leben und Arbeit in Herrenwyk, 1986, Seite 208

Quellennachweis 24 - Leben und Arbeit in Herrenwyk, 1986, Seite 198

Quellennachweis 25 - Leben und Arbeit in Herrenwyk, 1986, Seite 200

Quellennachweis 26 - Leben und Arbeit in Herrenwyk, 1986, Seite 184

15 Abbildungsnachweise

*1) Zeitschiene, Ausstellung „Zum alten Eisen - Geschichte der Eisenherstellung", im Industriemuseum Geschichtswerkstatt Herrenwyk, 8.4.-5.6.2006, damalige Leihgaben des Instituts für Ur- und Frühgeschichte der Universität Kiel, Helga Martens, Lübeck, 2006

*2) Grundstoffe und Produkt, siehe *1), Helga Martens, Lübeck, 2006

*3) Rennofen, siehe *1), Helga Martens, Lübeck, 2006

*4) Zeichen vom Verein deutscher Eisenhüttenleute, bestand 1880 bis 2002, dann 2003 eingegangen in das Stahlinstitut VDEh, Düsseldorf https://vdeh.de/mediä/geschichte_eisenhuettentechnik_v1.pdf, Zugriff 26.04.2020

*5) Region Kücknitz, OpenStreetMap, 10.04.2022, bearbeitet Helga Martens, Lübeck; 2022

*6) Banner vom *Arbeiter Rad- u. Kraftf. Bund „Solidarität" 1905,* ausgestellt im Industriemuseum Geschichtswerkstatt Herrenwyk, Helga Martens, Lübeck, 2015

*7) Banner vom Arbeiter–Gesang-Verein 1918, siehe *6), Helga Martens, Lübeck, 2015
*8) Das Werksgelände, Hochofenwerk mit Betriebsstätten, Ausstellung und Begleitbuch zur Ausstellung *Erinnerung und Neuanfang,* Industriemuseum Geschichtswerkstatt Herrenwyk, Helga Martens, Lübeck, 2019
*9) Amboss und Werkzeug, siehe *1), Helga Martens, Lübeck, 2006
*10) Hochofenwerk Lübeck Produktionsablauf 1965 / https://de.wikipedia.org/wiki/Hochofenwer_L%C3%BCeck#/media/Datei:Hochofen_1965- 2png, Freie Lizenz unter CC BY-SA 3.0, erstellt 4. März 2012, Zugriff 19.04.2022
*11)) Modell Hochofen im Industriemuseum Geschichtswerkstatt Herrenwyk, Lübecker Modellbauwerkstatt, Architektur & Konstruktionsbau Hans Eberhard Grützmacher, 03.07.2016, Helga Martens, Lübeck, 2016
*12) Heutiger Plan vom Gewerbegebiet und Metallhüttenpark an der Trave, OpenStreetMap, 2018, Beschriftung eingefügt von Helga Martens, Lübeck, 2018
*13) Ehemaliges Werkstor vom Hochofenwerk Lübeck,
Jürgen Blenk, Groß Grönau, 2018

16 Anlagen

Anlage 1 Plan Region Kücknitz, *5)

Anlage 2 Geländes des Hochofenwerks mit heutigen Straßen, *8)

Anlage 3 Hochofenwerk Lübeck Produktionsablauf 1965,*10)

Anlage 1

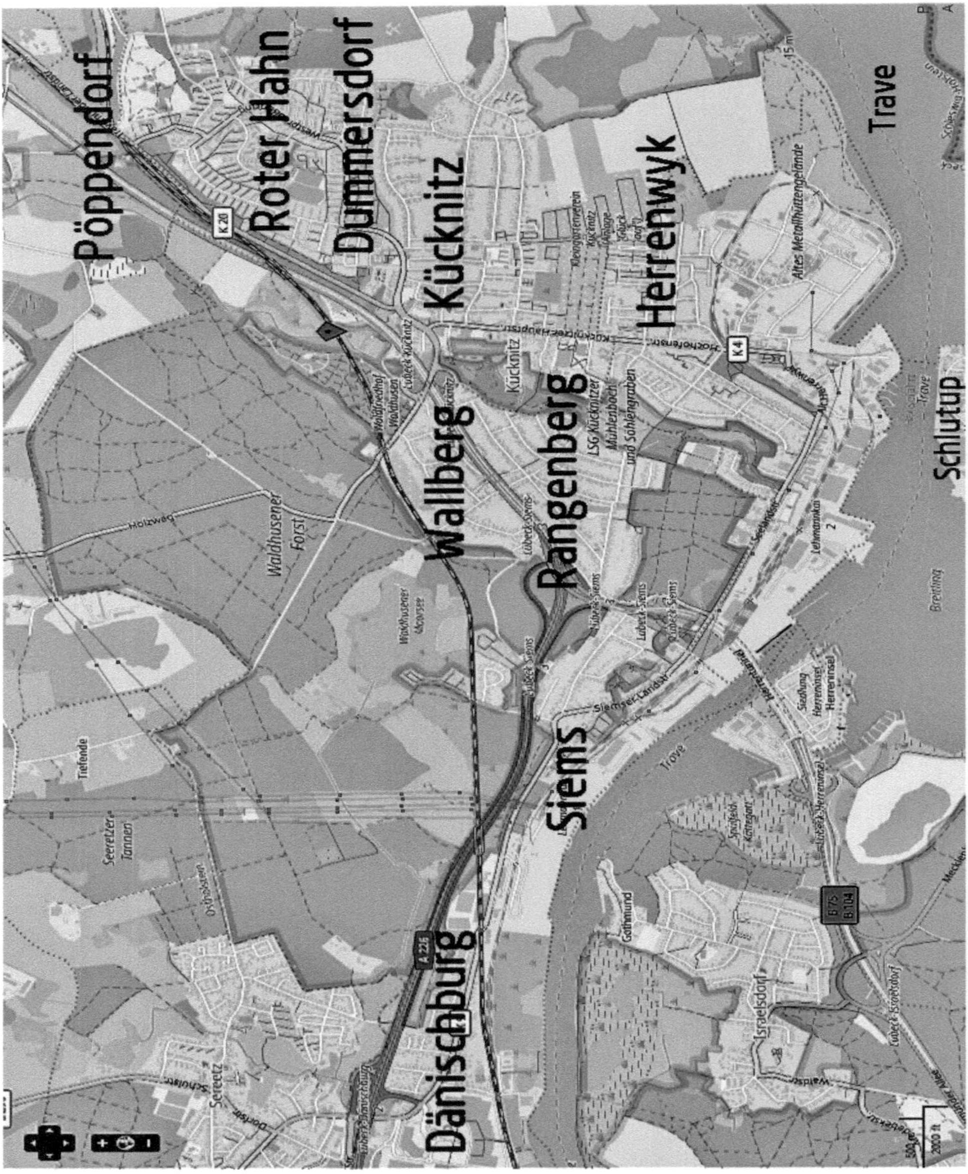
Pöppendorf
Roter Hahn
Dummersdorf
Kücknitz
Herrenwyk
Trave
Wallberg
Rangenberg
Schlutup
Siems
Dänischburg

Anlage 2

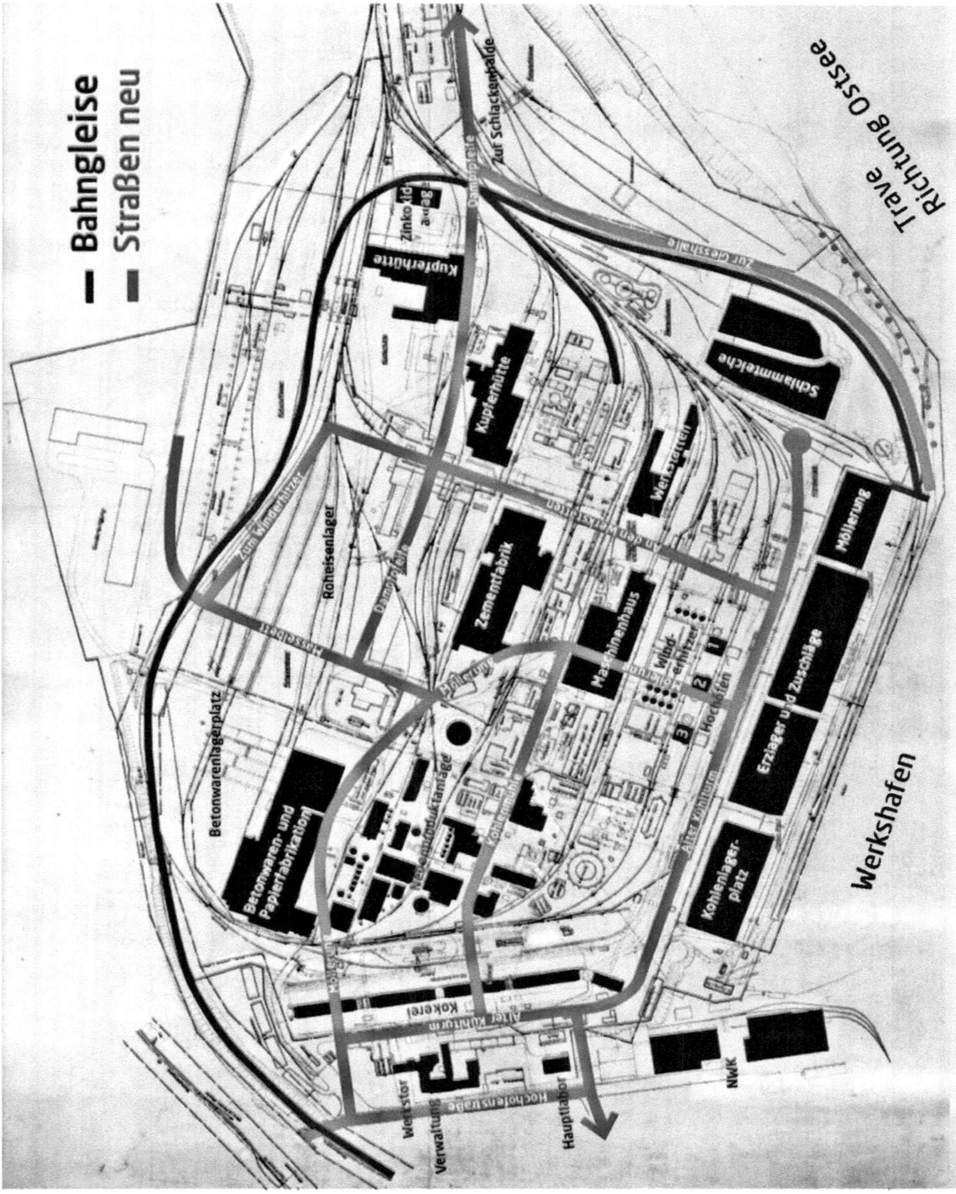
Bahngleise
Straßen neu
Trave
Richtung Ostsee
Werkshafen
Zur Schlackenhalde
Zur Gießhalle
Kupferhütte
Schlammteiche
Werkstätten
Möllerung
Zementfabrik
Roheisenlager
Zum Winderhitzer
Maschinenhaus
Wind-
erhitzer
Hochofen
Erzlager und Zuschläge
Betonwarenlagerplatz
Betonwaren- und
Papierfabrikation
Kohlenlager-
platz
Kokerei
NWK
Werkstor
Verwaltung
Hauptlabor

Anlage 3

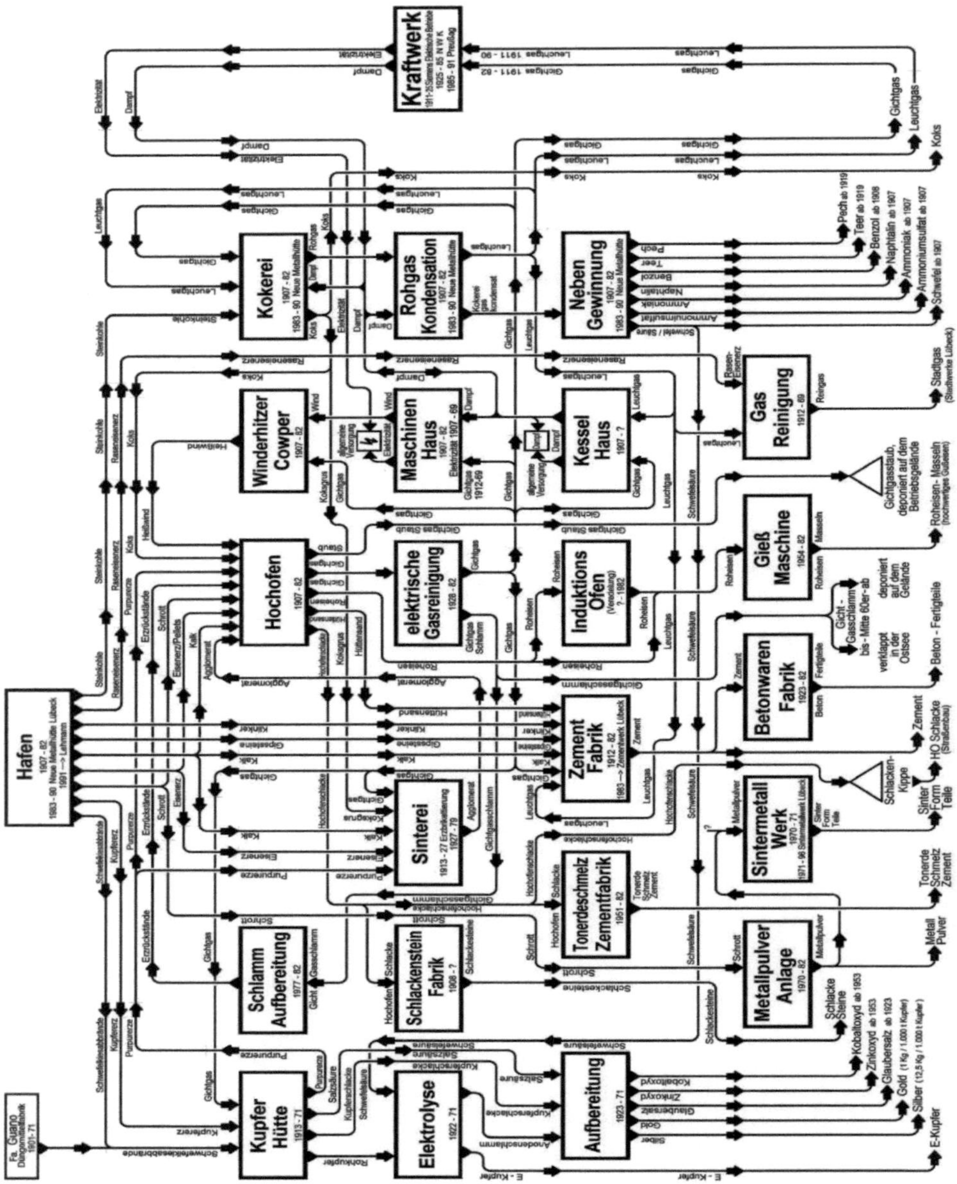

Kraftwerk
Kokerei
Rohgas Kondensation
Neben Gewinnung
Winderhitzer Cowper
Maschinen Haus
Kessel Haus
Gas Reinigung
Hochofen
elektrische Gasreinigung
Induktions Ofen
Gieß Maschine
Hafen
Zement Fabrik
Betonwaren Fabrik
Sinterei
Sintermetall Werk
Tonerdeschmelz Zementfabrik
Schlamm Aufbereitung
Schlackenstein Fabrik
Metallpulver Anlage
Kupfer Hütte
Elektrolyse
Aufbereitung
Fa. Guano Düngemittelfabrik 1901 - 71